彩图1　福

彩图2　福　金

彩图3　福　星

彩图4 黑珍珠

彩图5 拉宾斯

彩图6 美 早

彩图7　萨米脱

彩图8　桑提娜

彩图9　斯帕克里

彩图10 艳 阳

彩图11 KGB树形

彩图12 细长纺锤形开花

彩图13　樱桃砧木压条育苗

彩图14　樱桃苗木培育

彩图15　百年樱桃树

彩图16 防雨棚

彩图17 果园避雨棚

彩图18 果园花期

彩图19　樱桃花期受冻害

彩图20　果园生草

彩图21　宽行密植樱桃园

彩图22　嫩枝扦插

彩图23　起垄栽培

彩图24　设施容器密植栽培

果树新品种及配套技术丛书

YINGTAO XINPINZHONG
JI PEITAO JISHU

樱桃

新品种及配套技术

孙庆田　田长平　张　序　主编

中国农业出版社
北京

编 写 人 员 名 单

主　　编　孙庆田　田长平　张　序

副 主 编　李延菊　李芳东　王玉霞　孙　晓　张福兴

参编人员　（按姓氏笔画排序）

　　　　　于春开　王　婷　王利平　王玉婷　卢建声

　　　　　旦增尼玛　刘传德　刘学庆　刘学卿　刘晓静

　　　　　李炳章　李淑平　李耀海　张　倩　周　江

　　　　　秦国栋　格桑曲珍　慈志娟

前言
PREFACE

　　我国是世界第一樱桃生产大国，无论是栽培面积还是产量均居世界首位，樱桃已成为我国部分地区农村经济的支柱产业，在促进农业发展和提高农民收入方面发挥着重要的作用。

　　目前，我国樱桃生产逐步向品种多样化、区域化，配套栽培技术省力化、机械化、集约化方向发展。近10年，全国果树科研、生产与教学部门从国外引入和自己培育了不少樱桃新品种，丰富了樱桃品种资源，加快了樱桃品种的更新换代。优新品种所占比例逐年增加，美早、萨米脱、黑珍珠、明珠、福晨、福星、齐早、鲁樱3号等优新品种所占比例已达80%以上。宽行密植栽培、高光效树形、避雨设施等现代化栽培技术以及果园机械的应用，有效地减少了果园用工，提高了果品质量，增加了经济效益。

　　但在生产中也存在一些问题，制约了樱桃产业的发展。一方面，品种结构不合理，红灯、先锋、意大利早红等老品种产量约占目前总产量的60%，耐贮运、硬肉型、商品性较高的美早、萨米脱、黑珍珠等品种的产量约占40%。老品种面积大，早熟品种占比大，单一品种集中上市量大，经济效益不很理想。另一方面，极早熟和极晚熟的优新品种缺乏，导致果品供应期较短，成熟期过于集中，采后销售压力和市场风险加大。樱桃采后贮运与加工技术落后，果实采后不预冷直接到市场上销售，自动化冷库和气调库贮藏仅处于试验或小规模应用阶段。目前我国樱桃鲜果仍以国内消费为主，很少有出口。

编者以多年从事樱桃科研所取得的成果和生产实践经验为基础，参阅了相关的文献资料编著成此书。本书具有覆盖面广、技术与实践结合紧密、实用性强等特点。可供广大果农、种植专业户和基层农技人员学习使用，亦可供农业院校相关专业师生阅读参考。由于编者水平所限，疏漏和不当之处在所难免，敬请读者批评、指正。

编　者

2020 年 3 月

目 录
CONTENTS

前言

一、我国樱桃产业发展概况

（一）我国樱桃产业现状

樱桃是北方落叶果树中成熟最早的树种，素有"春果第一枝"的美誉；栽培效益高，有"黄金种植业"之称，露地栽培每 667 m² 收入 2 万～3 万元容易实现，高者达 10 万元以上；果实发育期不喷农药，是名副其实的绿色果品；在调节鲜果淡季市场供应、满足人们生活需要方面有着特殊的作用。樱桃属于劳动和技术密集型农产品，市场竞争优势显著，国内外需求量大，有较大的发展空间。根据我国目前人均樱桃消费量，若达到世界人均消费标准，我国至少需要再发展 66 700 万 m² 樱桃，因此我国樱桃产业发展前景广阔。

1. 面积与产量

进入 21 世纪以来，我国樱桃生产进入快速发展期。在环渤海湾优势产区栽培面积逐步扩大的同时，陕西、河南、甘肃等内陆地区及青海、新疆、西藏、云南、贵州、四川冷凉高地积极规划发展，并初步建成秦皇岛、西安、郑州、四川阿坝藏族羌族自治州以及北京近郊采摘园等新兴产地。

截至 2018 年年底，全国樱桃栽培面积 20 万 hm²，产量约 80 万 t。

2. 主要品种、砧木及栽培技术

（1）品种构成 我国以鲜食樱桃栽培为主，栽培品种中鲜食品种占 95％以上，产量则占 90％以上，品种以我国的红灯及欧洲和美洲选育的品种拉宾斯、先锋、美早、萨米脱、早大果、艳阳等为主，不同地区品种有所差异（表 1-1）；红灯栽培面积约占 40％，产量约占 35％。加工品种主要是那翁，酸樱桃极少。

表 1-1　我国不同地区的主要栽培品种

地　区	主要品种构成
胶东半岛	红灯、美早、萨米脱、黑珍珠、艳阳、拉宾斯、先锋
辽东半岛	红灯、佳红、明珠、丽珠、美早、巨红、萨米脱
陕西、河南等内陆	吉美、龙冠、红灯、美早、萨米脱、艳阳
北京、河北、山东中西部等	早大果、美早、布拉、岱红、红灯
云南、贵州、四川等高海拔地区	美早、红灯、萨米脱、拉宾斯、雷尼

　　（2）主要砧木　随着生产的发展，砧木越来越受到重视。除中国樱桃、山樱桃等作砧木外，广泛引进国外优良砧木。目前，生产中应用较广的主要有：大青叶砧木，主要分布在胶东半岛，其他各产区均有栽植；吉塞拉矮化砧木，主要分布在山东的泰安、陕西、山西等地，表现出较强的早果、矮化特性；马哈利砧木主要集中在陕西、大连；考特砧木在山东临朐有较大规模的应用；ZY-1 砧木在郑州、陕西等地表现较好；东北山樱主要在大连地区表现出较好的抗寒性。

　　（3）栽培技术　过去，大多采取粗放式栽培管理，大冠稀植，枝量偏多，光照较差。进入 20 世纪 90 年代，沿用苹果栽培技术，开始密植栽培，追求产量，个别农户采用 2 m×3 m 的株行距栽培红灯，辅助药剂控冠，创造了每 667 m² 2 000 kg 以上的产量。自 21 世纪以来，随着政府重视、科研深入，樱桃栽培进入矮化密植时期，改过去的稀植栽培为密植栽培；改自然圆头形、丛状形为纺锤形；改大坑大沟栽培为小坑、台田栽培；改追求产量为主为追求质量、效益为主等。

(4) 设施栽培 全国樱桃设施栽培面积约 6 700 hm²，其中，提早上市设施栽培约 4 000 hm²，防雨防霜设施栽培约 2 700 hm²，安全越冬保护设施栽培较少。

提早上市设施主要分布在山东（潍坊临朐 1 200 hm²、烟台福山 350 hm²、青岛平度 350 hm²）、辽宁（大连 1 600 hm²）；陕西、上海、北京、河南等地零星分布。辽宁省提早上市设施主要是温室，10 月中下旬进行覆盖休眠，12 月升温，翌年 3 月中下旬开始上市，平均出园价为 160 元/kg 左右，最高达 440 元/kg 以上。山东省提早上市设施主要是塑料大棚（暖棚和冷棚），暖棚于元旦前后扣棚，较露地栽培提早 30～45 d 成熟，出园价格 60～160 元/kg。冷棚于 1 月中下旬扣棚，较露地栽培提早 15～20 d 成熟，价格是露地的 2 倍。

防雨防霜设施主要分布在大连、烟台、泰安、郑州，针对樱桃花期霜冻、遇雨裂果等问题，各地研制、推广防雨防霜设施，主要有钢架、水泥柱、竹木结构，覆盖物为塑料薄膜、防雨绸等，每 667 m² 造价在 0.5 万～1.5 万元，使用寿命 3～8 年，较好地解决了樱桃的霜冻、裂果问题。

越冬保护设施主要分布在黑龙江、吉林等地，由于其冬季极端低温，易对樱桃树体产生冻害，采用保护设施可安全越冬；充分利用该地区物候期晚的特点，栽植中晚熟品种，延迟樱桃鲜果上市时间，拉长鲜果供应链。

(5) 贮藏保鲜 目前，我国樱桃贮藏保鲜技术处于试验、小规模应用阶段，樱桃可贮藏 40 d，果柄保持鲜绿，果实品质基本保持不变，商品价值提高 8～10 元/kg。北京市林业果树科学研究院（以下简称北京林果院）采用气调箱贮藏，0 ℃贮藏 60 d 后仍具有较好的感官品质，并可以保证 3 d 的常温货架期。樱桃果实采收后可采用预冷-常规泡沫箱-汽车结合的运输方式，但时间不宜超过 12 h。烟台龙口凯祥公司研制樱桃采后水冷、果实分选设备及配套技术，配合气调冷藏库，取得较好的效果，有效延长樱桃供货期。

3. 经济效益

樱桃种植效益高,露地栽培每 667 m² 收入 2 万~5 万元,设施栽培每 667 m² 在 10 万元以上。各产区涌现出许多高效典型:福山区张格庄镇杜家崖村杜宝神的樱桃园,连续多年每 667 m² 产量 3 000 kg 左右,收入 3 万元以上;芝罘区孙家庄王宝才的萨米脱樱桃园,每 667 m² 产量 2 300 kg 以上,收入 4.6 万元;山东的临朐保护地樱桃,每 667 m² 产量 1 200 kg,收益超过 10 万元;青海乐都露地丰产园果品价格 60~100 元/kg,每 667 m² 收入 10 万元以上;西安北郊张校庆露地樱桃园每 667 m² 产量 1 500 kg 以上,收入达 15 万元。

4. 政府扶持

各级政府部门制定诸多相关优惠政策,鼓励、扶持樱桃产业发展,调整农村产业结构,增加农民收益。2009 年,农业部设立公益性行业(农业)科研专项——樱桃产业主要障碍因素攻关研究,组织山东烟台市农业科学院、北京市农林科学院林业果树研究所、郑州果树研究所、辽宁大连农业科学院、西北农林科技大学、山东省果树研究所对樱桃产业中的主要障碍因素进行联合攻关。

山东烟台在"十一五""十二五"期间,市级财政每年安排1 000万元,扶持开展优良品种选育、示范基地建设、营销宣传等工作,实施烟台樱桃、烟台苹果提升计划。辽宁大连市政府对发展樱桃的优惠政策:集中连片 7 hm² 以上的地块,政府财政补助苗木款一半,政府投资全套水利设施;集中连片 0.7 hm² 以上的地块,政府财政补助 2.25 万元/hm²,连续补助 5 年,补助苗木款一半;贫困村栽植所需的樱桃苗木,100%由政府提供;建防雨棚每 667 m²补贴 0.6 万~1.2 万元;建温室每栋补贴 1.2 万~2 万元。陕西省成立陕西省现代樱桃产业技术体系。甘肃省在天水建设"甘肃省樱桃工程技术研究中心",旨在为当地樱桃产业的跨越式发展提供技术支撑。北京结合社会主义新农村建设,拿出专项资金扶持樱桃生产。四川阿坝藏族羌族自治州、山东莱芜茶叶口镇、青海平安和乐都、新疆喀什等地通过苗木补贴等形式扶持樱桃产业发展。

（二）我国樱桃产业存在的问题

1. 地区间发展不平衡，品种结构不合理

我国樱桃栽植面积、产量 70%～80% 集中在环渤海地区，而陕西、河南、甘肃等内陆及四川、云南、青海等高海拔适栽区虽然近年来发展较快，但所占比例较小。樱桃生产中栽培品种较多，其中红灯、先锋、意大利早红等老品种约占目前总产量的 60%，耐贮运、硬肉型、商品性较高的美早、萨米脱、黑珍珠品种约占 40%。一方面，老品种面积大，早熟品种占比大，单一品种集中上市量大，经济效益相对于优良新品种来说，不很理想；另一方面，极早熟和极晚熟优良新品种缺乏，导致果品供应期较短。另外，世界樱桃生产发达国家，酸樱桃占比 50% 以上，而我国酸樱桃极少。

2. 病毒病严重，影响果品产量和质量

樱桃易感病毒病，一旦感病终生带毒，无法通过田间管理来解决，全国樱桃产区病毒病发生严重。樱桃无病毒苗木在生产中尚未应用。

3. 栽培管理不到位，设施栽培占比小

多数果园未起垄种植，易发生涝害；根瘤病、流胶病、根颈腐烂病发生较为普遍；浇水多采用大水漫灌，滴灌、喷灌等现代化灌溉设施应用较少；花期易受早春霜冻、成熟期遇雨裂果和鸟害，造成大幅减产、商品果率低，避雨、提早上市设施栽培面积仅占 5% 左右、普及率低，果园基础设施建设整体滞后。

4. 采后处理技术落后

我国樱桃的采后预冷、自动化分选、贮运保鲜技术相对落后。樱桃生产中普遍存在早采现象，果实采后不预冷直接到市场上销

售，自動化冷庫和氣調庫貯藏僅處於試驗或小規模應用階段，冷鏈運輸不發達，鮮果冷藏期和貨架期較短，限制了櫻桃產業的整體效益和發展規模。

（三）我國櫻桃產業的發展趨勢

1. 擴大栽培面積，優化產業布局

老產區，穩步增加栽培面積，關鍵提高果品質量，加快老櫻桃園改造。新產區，快速擴大栽培面積，提高單位面積產量，增加市場供應量。擴大櫻桃極早熟地區和寒冷設施栽培地區的面積，拉長果品供應鏈。推廣大果型、自花結實優良品種，進一步擴大全國栽植區域。加速防雨防霜設施的示範與推廣，確保櫻桃豐產豐收。

2. 採取良種良砧，推行無毒化栽培

適地適栽，緊跟科研步伐，選擇當地適宜的品種、砧木，實現良種、良砧配套。加強種苗繁育基地建設，開展脫毒苗木研究工作，培植規範化的苗木市場，繁育、推廣無病毒苗木，實現無毒化栽培。

3. 推廣簡易技術，保障人身安全

隨著勞動力成本的提高和果園操作人員年齡結構偏大等問題的出現，加強示範基地建設，推行果園省工、省力的簡易操作技術，使整形修剪簡單化，加強土肥水管理，推廣矮密栽培模式，降低勞動強度；同時建立質量安全控制體系，利用櫻桃成熟早、噴藥少的特點，開展有機果品生產栽培，保障人身安全與食品安全。

4. 強化採後處理，延長果品供應

根據國內外市場需求特點，發展果個大、品質優的耐貯運品種，積極擴大國際貿易；推廣採後預冷、貯藏保鮮新技術，應用冷鏈運輸，拉長果品供應鏈，進一步提高櫻桃種植效益。

5. 重视樱桃加工，扶持酸樱桃发展

适当发展樱桃加工品种，生产果酒、果脯、果酱、罐头等产品，提高果品附加值；与樱桃产业发达的国家相比，我国酸樱桃生产占比较低，目前烟台、西安等地有少量规模化栽植，应积极扶持酸樱桃加工品种，借鉴葡萄酒的生产经验，发展高品质酸樱桃酒及加工产品。

6. 加大信息交流，搞活市场流通

强化信息平台建设，通过鼓励并扶持果农建立合作组织和果农协会、培植各地市场信息调研员等措施，加强各地樱桃协会、专业合作社、果品交易市场的信息交流，培育大型果品批发交易市场，促进樱桃生产、销售一体化。

二、樱桃品种

櫻桃在植物分类学上属蔷薇科（Rosaceae）、李属（*Prunus* L.）、樱桃亚属（*Cerasus*），120多种，分布在北半球温带地区，原产于中国的就有76种。常见栽培种包括中国樱桃（*Prunus pseudocerasus* Lindl）、欧洲甜樱桃（*Prunus avium* L.）、欧洲酸樱桃（*Prunus cerasus* Ledeb.）、毛樱桃（*Prunus tomentosa* Thunb.）和酸甜杂交种。广义上的大樱桃，是指甜樱桃、酸樱桃以及酸甜杂交种的统称。烟台是中国最早引入、栽培樱桃的地区。据《满洲之果树》（1915）记载，中国的甜樱桃栽培始于19世纪70年代。1871年美国传教士引进首批10个甜樱桃品种，栽于烟台的东南山。目前，烟台市甜樱桃栽培面积2.53万 hm^2、产量超25万 t，分别约占全国的1/7、1/3，网络销售额近5.7亿元。

到2018年，全国樱桃栽培面积已达20万 hm^2，年产量超80万 t，而国内酸樱桃栽培面积极少，加之甜樱桃果实较中国樱桃（俗称小樱桃）大，因此甜樱桃又称为大樱桃。国内对酸樱桃酒的需求越来越多，酸樱桃的栽培面积逐渐扩大。现在的栽培品种多为欧洲甜樱桃、酸樱桃及其杂种，统称大樱桃，在中国栽培的品种一般为甜樱桃。甜樱桃品种在1 500个以上，我国引进栽培的品种及新选育的品种亦在500个以上。甜樱桃常有以下几种分类方法：

① 根据果实重量进行分类。根据单果重分为特大型果（平均单果重大于10 g）、大型果（8～10 g）、中型果（6～8 g）、小型果（5～6 g）。

② 根据果实大小进行分类。根据为特大型果（平均果直径大于28 mm）、大型果（平均果直径26～28 mm）、中型果（平均果直

径 24～26 mm)、小型果（平均果直径 22～24 mm)。

③ 根据颜色分为黄、红、紫三类。黄色樱桃，果面黄色，有时阳面有红晕，代表品种有雷尼、佳红、彩虹、明珠、福脆、冰糖樱、月山锦、13-33、那翁、佐藤锦、巨红等；红色樱桃，果面鲜红，代表品种有福星、萨米脱等；紫色樱桃，果面紫红以至深紫色，代表品种有大紫、黑珍珠等。

④ 根据果实成熟期分为极早熟、早熟、中熟、晚熟、极晚熟五类。极早熟品种的果实发育期 30～35 d，代表品种有早大果、福晨；早熟品种的果实发育期（谢花至果实成熟）通常为 35～45 d，代表品种有红灯、芝罘红、福玲等；中熟品种的果实发育期通常为 45～55 d，代表品种有美早、黑珍珠等；晚熟品种的果实发育期超过 55 d，代表品种有晚红、拉宾斯等；极晚熟品种的果实发育期超过 55 d，代表品种有斯太拉、红手球、甜心、福金。

⑤ 根据果肉硬度分为硬肉、软肉。硬肉品种肉质硬，代表品种有美早、桑提娜等；软肉品种肉质软，代表品种有水晶等。

⑥ 根据发展时期可分为几个发展阶段。第 1 代品种：那翁、大紫；第 2 代品种：红灯、芝罘红、意大利早红；第 3 代品种：拉宾斯、先锋、早大果、斯太拉、斯帕克里；第 4 代品种：美早、萨米脱、布鲁克斯、艳阳、早生凡、黑珍珠、桑提娜、斯塔克艳红、红手球、8-102；第 5 代品种：福星、福晨；第 6 代品种：福金、福脆、福阳、福玲、甜心、冰糖樱。

⑦ 根据口感，分为酸甜型品种，如红灯、福星等；甜酸型品种，如黑珍珠、桑提娜等；极甜型品种，如冰糖樱；脆甜型品种，如布鲁克斯、福脆、蜜露。

⑧ 根据果实裂果轻重，分为易裂型，如布鲁克斯、艳阳等。

⑨ 根据开花结果特性，分为自花结实品种，如斯太拉、拉宾斯、斯塔克艳红、艳阳等。

⑩ 根据果实成熟整齐度，分为成熟期不整齐的品种，如红灯，采收时分几次采收完；成熟期整齐的品种，如萨米脱。

⑪ 根据有无设施措施，分为保护地栽培品种，如福星、美早、

布鲁克斯；露天栽培品种，如萨米脱、黑珍珠、美早。

（一）樱桃品种介绍

以往樱桃面积少、产量低，对新品种的要求首先是果个大，其次是糖度高，再考虑硬度大、耐贮存、早果丰产、抗逆性好、亲和力强。随着樱桃的面积扩大、产量增加，现在人们要求樱桃果实首先是糖度高、脆度大，其次是果个大。将来随着中国樱桃走出国门，选择硬度大、耐贮的品种是首要目标，再考虑糖度、风味和果个大小。

1. 大地红

2000 年由辽宁大连市农业科学院王逢寿先生自日本引入，高接换头于山东莱阳市吕格庄镇的红灯樱桃园中，进行试验观察。果实为鲜红色，短心脏形至扁圆形，果个中大，平均单果重 8 g，果肉硬，烟台成熟期在 5 月中旬。核小，果色为浓红色至紫红色。成熟极早，比红灯早熟 7～10 d，果实可溶性固型物含量 19%，口感浓甜。树姿较为开张，成花易，花芽着生较多，坐果率高，表现出良好的早果性。

2. 冰糖樱

该品种从母本红蜜自然杂交实生苗中选育。果实底色黄，着鲜红色，心脏形；果肉淡黄色，风味浓甜，可溶性固形物平均含量 23.8%，平均单果重 7.2 g。鲜食品质上等，早实、丰产，综合性状优良。该品种成枝力较强。早产性好，盛果期以花束状果枝结果为主。烟台莱阳地区成熟期在 6 月 2 日左右。

3. 早丰王

山东烟台福山区张格庄镇杜家崖村发现的红灯芽变，果实肾脏形，果柄粗短，平均单果重 10 g；果皮红色，果肉硬、多汁，可溶性固形物含量 17.0%，果实发育期 38 d 左右，5 月中下旬成熟，抗裂果，抗畸形果，抗霜冻，比红灯盛花期早 2 d、成熟期早熟 5~7 d，连年丰产稳产，盛果期单株产量连年稳定在 150~200 kg，最高株产可达 260 kg。

4. 福晨

山东烟台市农业科学院杂交育种选出的极早熟、大果型、红色品种，亲本为萨米脱×红灯，是取代红灯的理想品种。

果实鲜红色，心脏形，果肉淡红色，硬脆；平均单果重 9.7 g，大者 12.5 g。可溶性固形物含量 18.7%，可食率 93.2%。烟台地区 5 月 22—25 日成熟，成熟期同小樱桃。是已知同期成熟的樱桃中单果重最大、品质最好、丰产性最佳的品种。

树势中庸，树姿开张，具有良好的早果性，当年生枝条基部易形成腋花芽，苗木定植后第二年开花株率高达 72%，第三年开花株率 100%。幼树腋花芽结果比例高。成年树一年生枝条甩放后，易形成大量的短果枝和花束状果枝。异花结实，可以用美早、早生凡、早丰王、红灯、斯帕克里、桑提娜作为授粉树。与瓦列里、友谊、奇好和早大果的 S 基因型一致，不能互为授粉树。

5. 福星

山东烟台市农业科学院杂交育种选出的中早熟、大果型、红色、异花结实樱桃优良品种。亲本为萨米脱×斯帕克里，保护地栽培首选品种。

果实肾形。果皮红色至暗红色，果肉紫红色，肉质硬脆；果个大，平均单果重 11.8 g，最大 14.3 g；可溶性固形物含量 16.3%；可食率 94.7%。果柄粗短。果实发育期 50 d 左右，在烟台地区 6 月 10 日左右成熟，成熟期同美早。

树势中庸偏旺，树姿半开张。主干灰白色，皮孔椭圆形，明显。一年生枝浅褐色，二年生枝灰褐色。叶片大，浓绿色，倒卵圆形，平展，粗重锯齿；叶基楔形；成熟叶片顶端骤尖；蜜腺小，肾形。具有良好的早果性，苗木定植当年萌发的发育枝基部易形成腋花芽，幼树腋花芽结果比例高。成年树以短果枝和花束状果枝结果为主。自花不实，可以用美早、早生凡、萨米脱、红灯、桑提娜作为授粉树。

6. 齐早

萨米特实生。果实宽心脏形，深红色，果品光亮，果个大、均匀，平均单果重 8.5 g。可溶性固形物平均含量 15.6%，总酸含量 0.49%。果肉柔软多汁，甘甜可口。2018 年通过山东省林木品种审定委员会审定。

7. 鲁樱 3 号

果实阔心脏形，深红色，果皮光亮，果个大，平均单果重 12.1 g，最大单果重 18.33 g。可溶性固形物含量 17.1%，总酸含量 0.68%，酸甜可口，2018 年通过山东省林木品种审定委员会审定。

8. 福翠

山东烟台市农业科学院选育，晚红珠自然杂交实生种。果实宽心脏形，平均单果重 7.56 g，最大果重 10.62 g；果实黄底红晕，有光泽；果肉黄色，肉质较硬，可溶性固形物含量 21.1%，总糖含量 12.62%，总酸含量 0.56%，风味脆甜，味较浓，口感似萝卜一样脆，冰糖一样甜。鲜食品质上等；核卵圆形，较小，粘核，可食率 92.1%，果实成熟期 6 月上中旬。裂果率较低。树势中庸，树姿开展；叶片浅绿色，长卵圆形，叶基呈楔形，先端渐尖，叶缘粗重锯齿，大而钝，叶面微上卷，有光泽，花雌蕊柱头与雄蕊等高或略高，花粉较多。早果丰产性好，树势中庸，花芽易形成，各类果枝均能结果，进入盛果期后，以花束状果枝结果为主。

9. 福金

山东烟台市农业科学院杂交育种选出的极晚熟、大果型、黄色、优良品种。亲本为雷尼×晚红珠，果实为大型果，平均单果重11.7 g。果实肾形，果柄中长，成熟期与果肉不易分离；果实底色黄色，果面着鲜红色，光照良好时可全面红色，有光泽，艳丽，果肉乳黄色、肥厚多汁，肉质硬、甜味浓，鲜食品质上等，可溶性固形物含量22.5%。树冠半开张，具有良好的早产性，当年生枝条基部易形成腋花芽，腋花芽结果比例高。耐寒性强，抗早春霜冻，幼树枝条粗壮，萌芽率高，成枝力较强。各类果枝均能结果，连年丰产、稳产。适宜授粉品种为红灯、先锋、桑提娜等。耐冬季低温，抗霜冻能力强。

10. 福阳

山东烟台市农业科学院杂交育种选出的优良品种。母本为黑珍珠，父本为萨米脱、先锋的混合花粉，果实紫黑色，果实心脏形，平均单果重9.7 g，果柄中短，果顶稍凹陷，果皮紫黑色、有光泽，果肉、果汁深红色。可溶性固形物含量18.7%，总糖含量11.62%，总酸含量0.61%。果实在鲜红至紫红色时，口感极好，挂果时间长。果肉脆硬，味甜，耐贮运，树势中庸，树姿开张。树势健壮，长势较先锋强旺，树姿半开张，盛果期树以短果枝和花束状果枝结果为主，伴有腋花芽结果。适宜授粉品种为先锋、萨米脱、斯帕克里等。注意控制树势，防止长势过旺。

11. 福玲

山东烟台市农业科学院杂交育种选出优良品种。母本为红灯，父本为萨米脱、黑珍珠的混合花粉。该品种果实肾形，果个大，平均单果重10.4 g，果皮紫红色，缝合线平，果顶前部较平；果肉紫红色，可溶性固形物含量18.6%，总糖含量11.25%，总酸含量0.65%，树势中庸，树冠半开张，具有良好的早产性，丰产性好，当年生枝条基部易形成腋花芽，腋花芽结果比例高；适宜授粉品种为先锋、桑提娜、水晶等。同时注意控制负载，对衰弱枝及时更新。耐霜冻能力强。

12. 美早

原名 Tieton，美国华盛顿州立大学普罗斯（Prosser）灌溉农业研究中心杂交育成，育种编号 PC71 - 44 - 6，亲本为斯太拉（Stella）×早布莱特（Early Burlat），1971 年杂交，1977 年选出，1998 年定名推出，基因型为 S_3S_9。国内 1988 年引入，2006 年通过山东省林木品种审定委员会审定。是目前全国各地发展较快的早中熟、大果型、紫红色、异花授粉优良品种。

果实阔心脏形，果柄粗短，顶端稍平，脐点大；果实大型，平均单果重 11.3 g，最大果重 18 g，果实紫红色或紫黑色，有光泽，极艳丽美观。果肉浅黄色，质脆，酸甜适口，风味佳，品质优，肥厚多汁，可溶性固形物含量 17.6%，风味中上等；果实肉硬较耐贮运。果实发育期 50 d 左右，在烟台 6 月上中旬成熟。

树势强旺，生长势类似红灯，萌芽力、成枝力均强，进入结果期较晚，幼树以短果枝和花束状果枝结果为主。成龄树冠大，半开张，以枝组结果为主。自花结实率低，需配置授粉树，适宜的授粉品种有萨米脱、先锋、拉宾斯等。

栽培习性：粗壮的一年生枝条甩放，当年不容易形成叶丛花枝；细弱枝甩放，易形成一窜叶丛花枝。丰产性中等，树势中庸偏弱时，结果多。果实转白期至成熟前遇雨容易裂果，可搭建避雨设施防控。该品种树势较强，采用半矮化砧木（吉塞拉 6 号），利于控制树势，提早结果，实现高产。

13. 萨米脱

原名 Summit，加拿大不列颠哥伦比亚省的萨默兰太平洋农业食品研究中心 1973 年杂交，亲本为先锋（Van）×萨姆（Sam），1986 年推出，基因型为 S_1S_2。烟台市农业科学院果树研究所 1988 年从加拿大引入，2006 年通过山东省林木品种审定委员会审定。是目前全国各地发展较快的中熟、大果型、红色、异花授粉优良品种。

果实长心脏形，果顶尖，脐点小，缝合线一面较平；果实横径、纵径较大，侧径较小。果个大，平均单果重 11～12 g，最大18 g；果皮红色至深红色，有光泽，果面上分布致密的黄色小细点；果肉粉红色，肥厚多汁，肉质中硬，风味上等，可溶性固形物含量 18.5%，果核椭圆形，中小，离核。果实可食率 93.7%，果柄中长，柄长 3.6 cm。在山东烟台 6 月中旬成熟。

树势中庸，早果丰产性能好，产量高，初果期以长、中果枝结果为主，盛果期以花束状果枝结果为主。异花结实，花期较晚，适宜用晚花的品种如先锋、拉宾斯、黑珍珠等作其授粉树。生产中与大果型的美早、黑珍珠混栽，效果表现较好。

栽培习性：中庸偏旺的树，结果好，果个大；弱树、外围不抽长条的树，果个小。该品种适宜乔化砧木。

14. 砂蜜豆

烟台农业科学院选育的最有前途的中晚熟品种，成熟期一致，果实心脏形。缝合线明显，靠果尖处果面凹陷。个大，单果重11～12 g，最大 18 g，味甜，果柄中短，节间短，枝粗壮，有短枝型性状，适合密植，自花结实率高（类似拉宾斯），结果早，结果成串，极丰产，稳产。丰产树不容易抽长条，树势易衰弱，喜大肥水（与大连砂蜜豆不同，大连砂蜜豆长势旺），连续 8 年无裂果现象；自花结实率高，3 年结果，每 667 m² 产量 150 kg 左右，5 年可达 1 000 kg，收购价 24～30 元/kg；带有短枝性状，也称短枝型砂蜜豆，其果形、果柄、生长势、叶片、裂果性与萨米脱不一样。砂蜜豆嫁接在大青叶砧木上，其成活率和伤口愈合程度不及美早，其长势也不如美早，当年培育一级苗较难。

15. 布鲁克斯

原名 Brooks，美国加利福尼亚大学戴维斯分校用雷尼（Rainier）和布莱特（Burlat）杂交育成的早熟品种，1988 年推出，基因型为 S_1S_9。山东省果树研究所 1994 年引进，2007 年通过山东省林木品种审定委员会审定。是目前生产中主推的品种之一，早熟、红色、脆甜型、异花授粉优良品种。

果实中大，平均单果重 9.5 g，最大 12.9 g；果形扁圆形，果顶平，稍凹陷；果柄粗短，柄长 3.1 cm；果实红色至暗红色，底色淡黄，有光泽，多在果面亮红色时采收；果肉紧实、脆硬、甘甜，糖酸比是宾库的 2 倍；果核小，可食率 96.1%。果实发育期 45 d 左右，山东泰安地区 5 月中旬成熟，在山东烟台，成熟期介于红灯和美早之间。

树体长势强，树冠扩大快，树姿较开张。新梢黄红色，枝条粗壮，一年生枝黄灰色，多年生枝黄褐色，叶片披针形，大而厚，深绿色。花冠为蔷薇形、纯白色，花器发育健全，花瓣大而厚。需冷量低，为 680 h。

栽培习性：果实发育中后期遇雨容易引起裂果，保持土壤湿润是关键，防止土壤忽干忽湿；秋末断根；搭建避雨设施。适期采收，若采收过晚，虽然果个较大，但风味变淡。适于保护地栽培。可在南方低温量不足的地域栽培。

16. 黑珍珠

山东烟台市农业科学院，1999 年在生产栽培中发现的萨姆（Sam）优良变异单株，基因型为 S_1S_4。2010 年通过山东省农作物品种审定委员会审定，是目前生产中最丰产的大果型、中晚熟、紫黑色、硬肉型樱桃优良品种。

果实肾形，果顶稍凹陷，果顶脐点大；果实大型，平均单果重 11 g 左右，最大 16 g；刚成熟时鲜红色，随着成熟度增加，果皮紫黑色、有光泽；果肉、果汁深红色，果肉脆硬，味甜不酸，可溶性固形物含量 17.5%，耐贮运。果实在鲜红色至深红色时，口感较好。烟台地区 6 月中下旬成熟。

树势强旺，树姿半开张，萌芽率高（98.2%）、成枝力强，成花易，当年生枝条基部易形成腋花芽，盛果期树以短果枝和花束状果枝结果为主，伴有腋花芽结果。自花结实率高，极丰产。成熟期一致；花期耐低温，抗霜冻，自花结实率高，极丰产。适宜授粉品种为布莱特、布鲁克斯、晚红珠等。

17. 蜜露

辽宁大连市农业科学院选育的新品种，果实大，宽圆形，平均单果重 11.5 g，果柄中长，果皮厚而韧。红至紫红色。可溶性固形物含量 26%，果实脆甜硬，品质极好，早产丰产。发展前景良好。

18. 蜜泉

辽宁大连市农业科学院选育的新品种，黄色中熟品种，平均单果重 9.5 g，黄色中熟品种，果实脆甜，品质极好，丰产早产，增加了樱桃黄色品种，口感似萝卜一样脆、冰糖一样甜。

19. 蜜脆

辽宁大连市农业科学院选育的新品种。果实宽心脏形，平均单果重 8 g，最大果重 11 g；果实黄底红晕，有光泽；果肉黄色，肉质较硬，可溶性固形物含量 22%，风味脆甜，味较浓。

20. 雷吉娜（Regina）

德国 Jork 果树试验站 1998 年推出，果实近心脏形，果皮暗红色，果肉红色，平均单果重 8~10 g，果柄中长。果肉较硬，口感风味佳，完全成熟时可溶性固形物含量可达 20%。该品种为晚熟品种，成熟期比宾库晚熟 14~17 d。树势健壮，生长直立，早果性较好，抗裂果能力强，花期较先锋晚 4 d。

21. 柯迪亚（Kordia）

捷克选育品种，果实宽心脏形，该品种果皮紫红色，果肉紫红色，果肉较硬，耐贮运，风味浓，成熟后可溶性固形物含量 18%，较抗裂果，平均单果重 8~10 g。该品种为晚熟品种，成熟期比宾库晚熟 7~10 d。该品种树势较强，早果性较好，花期晚。授粉树可选择雷吉娜、黑珍珠、桑提娜等。

22. 瓦列里（Valerij Cskalov）

山东省烟台市农业科学院 2000 年从匈牙利果树与花卉培植研究所引入烟台，早熟品种，带肩的盾锥形，果皮暗红色，肉质中硬，果肉及果汁呈玫瑰色。果实为带肩的盾锥形，平均单果重 9.58 g，最大 12.3 g，果梗中长；可食率 91.9%，可溶性固形物含量 20.7%，比红灯早熟 3～4 d；该品种树势中庸，树姿开张，适应性强；以花束状结果枝结果为主。内在品质优良；耐贮性强；早产，以马哈利作砧木时，进入结果期较早，丰产稳产。

23. 早生凡（Early Compact Van）

由加拿大 Summerland 实验站选育，曾译名"早生紧凑型凡"，1989 年山东烟台市农业科学院引入，早熟品种，果实肾形，类似红灯，比红灯早熟 3～4 d，成熟期一致，单果重 9 g 左右；果柄短，长 2.7 cm；果皮鲜红色至深红色，果肉、果汁粉红色，果肉硬，可溶性固形物含量 17.1%。在烟台 5 月下旬成熟，较红灯早熟 2～3 d，成熟期一致。口感好；结果早，丰产性好，耐贮运，高产稳产，抗逆性好。

24. 斯帕克里

加拿大中晚熟品种，山东烟台市区 6 月中下旬成熟，比砂蜜豆略晚。果实圆形，缝合线凹陷，果柄短，果肉硬、脆，味甜，口感好，果色鲜红，单果重 10 g 左右，比砂蜜豆略小，不裂果，熟期一致，结果早，结果成串，极丰产，每 667 m² 产量 1 000～2 000 kg，耐瘠薄，耐贮运，适合密植，喜大肥水。

25. 艳阳（Sunburst）

1965 年加拿大夏地农业研究所用先锋和斯太拉杂交育成。1989 年山东烟台市农业科学院引入烟台，中晚熟品种果实特大，平均单果重 13 g 左右，最大果实可达 22.5 g，果实圆形。果柄长度适中，中粗。果皮黑红色，具光泽。果肉味甜多汁，可溶性固形物含量 17.3％，酸度低，质地较软，品质优，甜酸爽口。果实发育期 70～80 d，成熟期比拉宾斯早 4～5 d。遇雨有裂果现象自花结实能力强，果实耐贮运，有较强的抗寒性。

26. 甜心（Sweet heart）

由加拿大夏地农业研究所用先锋和新星（New star）杂交育成，原代号 15S-22-8，1994 年开始推广，是一个优良的极晚熟品种。1997 年引入山东。果实圆形至心脏形，大型果，平均单果重 9.3 g 左右。果皮红色。梗洼中浅，中宽，果皮较厚，有光泽，果肉黄色，肥厚多汁，硬脆，甜味适口，可溶性固形物含量 18.8％，品质中上等。果核近圆形，较小，平均核重 0.35 g，果实可食率达 95％，抗裂果，品质优。在加拿大夏地比先锋晚熟 20 d。树体紧凑，树势中庸，早实性强，自花结实，坐果率高。在相同砧木条件下，树体大小仅为拉宾斯的 60％。萌芽力强，成枝力中等。一年生枝甩放后，极易形成花束状果枝，成龄树以短果枝和花束状果枝结果为主。能自花结实，未发现采前落果，抗霜冻能力中上等，未发现有抽条等冻害现象。

27. 布拉

从以色列引入，比红灯早熟 3～5 d，单果重 8 g，比红灯略小，适应性强，坐果率高，极丰产、稳产，无隔年结果现象。果柄短粗，颜色美观，全红亮丽，肉质细腻。

28. 红手球

1980 年日本山形县立园艺试验场杂交育成，亲本为佐藤锦和宾库，2000 年命名，并在日本农林水产省登记。极晚熟品种果实短心脏形或扁圆形，平均单果重 10 g 以上，可溶性固形物含量 10％以上，酸味适度，口感浓厚。成熟期在 6 月下旬，果肉最初乳白色，后期乳黄色，质脆，肉肥厚、汁多，甜酸适口（未成熟食之有苦味）。品质上等。果实初熟时，底色淡黄，全面着鲜红色，充分成熟后为暗浓红色，果皮薄，外观鲜艳、美观，果实平均含糖量21.56%，最高24.6%。果核小，半离核，圆形，果柄长2.96 cm，耐贮运。抗流胶能力强。在一年生长期间不加以任何修剪技术，枝条可萌发2～3次枝，成花早，当年生枝可成花。

29. 玲珑脆

河北省昌黎果树研究所选育，平均单果重9.5 g，最大单果重15 g。果肉硬，甜、脆，耐贮运，中熟品种。

30. 五月红

河北省昌黎果树研究所选育，平均单果重8.5 g，最大单果重11 g，甜，多汁。早果性好，极丰产，早熟品种。

31. 昌华紫玉

河北省昌黎果树研究所选育，平均单果重8.5 g，最大单果重10.7 g，风味甜，自花结实品种，丰产稳产性强，中晚熟品种。

32. 早大果

乌克兰农业科学院灌溉园艺科学研究所育成，基因型为S_1S_9。1997年山东省果树研究所引进，2007年通过山东省农作物品种审定委员会审定，2012年通过国家林木品种审定委员会审定。是早熟、紫黑色、大果型、异花授粉优良品种。

果个大，平均单果重8～10 g，最大15 g；果实扁圆形，果柄中长；果皮深红色至紫黑色，果肉较硬，果汁红色；可溶性固形物含量16%～17%，口味酸甜。果实成熟期一致，比红灯早熟3～4 d。在山东泰安地区5月中旬成熟，山东烟台地区5月下旬至6月初成熟。

树势中庸，树姿开张。枝条细软，角度大，有自然下垂的特性。自花不实，需配置授粉树先锋、拉宾斯、红灯等。

33. 友谊

原名 Дружба，乌克兰农业科学院灌溉园艺研究所育成，基因型为 S_1S_9。1997 年山东省果树研究所引入，2007 年通过山东省农作物品种审定委员会审定，2012 年 12 月通过国家林木品种审定委员会审定。

果实心脏形，个大，平均单果重 10.78 g，成熟时果实鲜红色，鲜亮，有光泽；可溶性固形物含量 15.33%，总糖含量 12.5%，总酸含量 0.76%，风味酸甜，品质佳；可食率 91.1%；果肉硬，耐贮运。早产，果实发育期约 55 d，泰安地区 6 月 10—15 日成熟。

树姿直立，树体较矮，中心干上的侧生分枝基角较小。树干干性较弱。成枝力中等，萌芽率高。新梢生长较直立。以花束状果枝和长果枝结果为主。进入结果期早，开花整齐，极丰产。适宜授粉品种为胜利、雷尼、先锋、拉宾斯等。

34. 龙冠

中国农业科学院郑州果树研究所用那翁与大紫杂交选育而成。果实个大，平均单果重 6.8 g，最大可达 12 g。果形呈宽心形。果柄长。果皮宝石红色，晶莹亮泽，艳丽诱人。果肉及汁液呈紫红色，汁中多，酸甜适口，风味浓郁，品质优良，可溶性固形物含量 13%～16%，总酸含量 0.78%，每 100 g 鲜果肉维生素 C 含量 45.7 mg。果实肉质较硬，耐贮运性好，常温下货架期 6～7 d。果核呈椭圆形，粘核。在郑州地区 5 月中旬成熟，比大紫早熟 7～8 d。果实发育期 40 d 左右。

35. 明珠

辽宁大连市农业科学院杂交培育的早熟、大果型、黄色优良品种，亲本为那翁（Napoleon）×早丰；平均单果重 12.3 g，可溶性固形物含量 20.5%；成熟期与红灯相近。

36. 红灯

辽宁大连市农业科学研究所 1973 年育成，其杂交亲本为那翁×黄玉，是我国一个主栽、优良早熟品种品种。

果实大型，平均单果重 9.6 g，最大可达 12 g；果实肾脏形，果梗粗短；果皮红至紫红色，有光泽，色泽艳丽，外形美观；果肉淡黄、半软、汁多，味甜酸适口，果肉肥厚，可溶性固形物含量多为 14%～15%，可溶性糖含量 14.48%，每 100 g 中维生素 C 含量 16.89 mg，干物重 20.09%；核小，半离核，可食率达 92.9%。成熟期较早，在大紫采收的后期开始采收，山东半岛 5 月底至 6 月上旬成熟，鲁中南地区 5 月下旬成熟。果实发育期 45 d 左右，采收前遇雨易裂果，特殊年份畸形果现象较重，易受机械损伤。

树势强健，幼树期直立性强，成龄树半开张，一至二年生枝直立粗壮，进入结果期较晚，盛果期后，产量较高，萌芽率高，成枝力强，外围新梢中短截后平均发长枝 4 或 5 个，中下部花芽萌发后多形成叶丛枝，但幼树当年的叶丛枝不易成花，随着树龄的增长转化为花束状短果枝，由于其生长发育特性较旺，一般 4 年结果，初果年限较长，到盛果期以后，大量形成花束状短果枝，这时生长和结果趋于稳定，结实率在 60% 以上，叶片特大，椭圆形，较宽，长 17 cm，宽 9 cm，叶质厚，深绿色，在新梢上呈下垂状着生是其典型特征，适宜的授粉品种有大紫、巨红、那翁、宾库、红蜜等。

37. 拉宾斯

原名 Lapins，加拿大不列颠哥伦比亚省的萨默兰太平洋农业食品研究中心 Lapins K. D. 于 1965 年杂交，亲本为先锋（Van）×斯太拉（Stella），1986 年推出，基因型为 S_1S_4。山东烟台市果树研究所 1988 年从加拿大引入，2004 年通过山东省林木品种审定委员会审定。是目前生产中栽培较广的自花结实晚熟优良品种。

果实中大，单果重 11.5 g。果形近圆形或卵圆形。果皮厚而韧，紫红色，有光泽。果柄中长、中粗，果肉肥厚、脆硬，可溶性固形物含量 16%，风味好，品质上等。烟台地区 6 月中下旬成熟，熟期一致，抗裂果。

38. 先锋

原名 Van，曾译名'凡'，加拿大不列颠哥伦比亚省的萨默兰太平洋农业食品研究中心 1944 年 Empress Eugenie 实生培育，1985 年推出，基因型为 S_1S_3。山东烟台市果树研究所 1988 年从加拿大引入，2004 年通过山东省林木品种审定委员会审定。是目前生产中栽培较广的红色、中熟樱桃优良品种。

果实中大，平均单果重 8.5 g，最大可达 12.5 g。果实圆球形。果顶平，缝合线明显。果柄短粗，果皮厚而韧，红至紫红色。果肉玫瑰红色，肉质脆硬，肥厚，多汁，甜酸可口。果实紫红色至紫黑色时，可溶性固形物含量达 20% 以上，最高可达 24%。果核小，圆形。可食率达 91.2%。果实耐贮运，冷风库贮藏 15～20 d，果皮不褪色。烟台地区 6 月中下旬成熟，熟期一致。

树势中庸健壮，新梢粗壮直立。早果性、丰产性较好。花粉量大，可作授粉树和主栽品种。异花授粉，适宜授粉品种为雷尼、宾库等。

39. 桑提娜 (Santina)

加拿大夏地太平洋农业食品研究中心拉宾斯等 1996 年推出。亲本为斯太拉 (Stella) ×萨米脱 (Summit)，1973 年杂交，1981 年选出；果实中大，卵圆形，果柄中长，果皮黑色，果肉硬，味甜，品质中上等；较抗裂果；早熟，较先锋早熟 8 d。自花结实，始花期较先锋晚 1 d；较丰产。

40. 宾库 (Bing)

原产于美国俄勒冈州，为 Republican 的自然杂交种，有 100 余年的栽培历史，是美国、加拿大的主栽品种之一。1982 年山东省从加拿大引入中国，1983 年，中国农业科学院郑州果树所又从美国引入试栽。

果实大型，平均单果重 7.2 g；果实心脏形，梗洼宽、深，果顶平，近梗洼处缝合线侧有短深沟，果梗粗短；果皮浓红色至紫红色，外形美观，果皮厚；果肉粉红，质地脆硬，汁多，淡红色；半离核，核小，酸甜适度，品质上等，在烟台 6 月中下旬，果实丰产、稳产性好，耐贮运，采前遇雨有裂果现象。树势强健，枝条粗壮、直立，树冠大，树姿较开张，花束状结果枝占多数，叶片大，倒卵状椭圆形。晚熟。

41. 斯太拉（Stella）

加拿大夏地农业研究所育成的第一个自花结实的樱桃品种，果实大或中大，平均单果重 7.1～9 g，最大可达 10.2 g，果实心脏形；果梗中长；果皮紫红色，光泽艳丽，果肉淡红色，质地致密，汁多，甜酸适口，风味佳；可溶性固形物含量 10%～17%，果皮厚而韧，可食率 91%，核中大，卵圆形；耐贮运，树势强健，能自花结实，花粉多，是良好的授粉品种。早果性、丰产性均佳，抗裂果，在烟台 6 月中旬成熟。

42. 奇好

乌克兰农业科学院灌溉园艺研究所杂交育成的晚熟品种，亲本为庄园×乌梅极早，基因型为 S_1S_9，山东省果树研究所 1997 年引入，2011 年通过山东省林木品种审定委员会审定。

果实底色为黄色，着鲜红色晕至全面红色，果形短心脏形，果顶圆凸，缝合线微凹，果面平滑亮泽；平均单果重 9.1 g；果肉硬脆、多汁，带皮果肉硬度 0.80 kg/cm²，可溶性固形物含量 16.9%，总糖含量 12.4%，可滴定酸含量 0.66%，酸甜适口，风味浓郁，品质上等；果与柄较易分离；果核圆形、离核，可食率 93.7%；果实在室温下可贮藏 5～7 d，贮藏性好。果实出汁率 75.5%，加工出的果汁颜色鲜亮清爽，口感酸甜。可作为鲜食兼加工型品种进行推广。

幼树生长比较旺盛，枝条健壮，枝条自然开张角度较大，生长快，生长势较强，干性较弱。幼树以中长果枝结果为主，随树龄增大渐以花束状果枝结果为主，盛果期树花束状果枝比例大，连续结果能力强，稳产性好。适宜授粉品种为宇宙、红灯、萨米脱、拉宾斯等。与早大果、友谊、极佳同为一个基因型组，互不授粉，选择授粉品种时应注意。

43. 秦林（Chelan）

华盛顿州立大学普罗斯灌溉农业研究中心托马斯等 1991 年推出。亲本为斯太拉×Beaulieu；果实中大或大，圆形至心脏形，果柄中长；果皮暗红褐色，光亮；果肉硬度大，暗红色；抗裂果；成熟期在 6 月上旬。

44. 莫利

又名意大利早红，原产法国，1989 年从意大利引入山东。果实短鸡心形，平均单果重 8～10 g，最大可达 12 g，果皮紫红色，果肉红色，肉厚细嫩，硬脆，汁多，风味酸甜，可溶性固形物含量 11.5%，可滴定酸含量 0.68%，品质优。比大紫、红灯早熟 1 周，果实发育期 32 d。4 月中旬开花，5 月中旬果实成熟，生长势强，树姿开张，萌芽力、成枝力高，花芽大，饱满，易成花，栽后第三、四年结果，第五年平均株产 5.5 kg，第六年为 8.5 kg，第七年 13 kg。

适应性强，抗寒抗旱，在山丘砾石土壤和沙壤土中栽植生长良好。栽植后第三年结果，第五年丰产，盛果期每 667 m² 产量 1 000～1 500 kg。适宜授粉的品种有红灯、芝罘红、鸡心等。布加勒乌·帕莱特果实性状与之相似，只是成熟期晚 1 周左右，在山东临朐采收期为 5 月 25 日前后。

45. 红丰

又名状元红，1979 年山东烟台芝罘区农林局在世回尧镇大东夼村发现。果实中大，平均单果重 6 g，大者 8 g 以上，心脏形，果顶尖缝合线较明显，果梗中粗而短，不易与果实分离，落果轻，果皮深红色，有光泽，皮下具淡黄色小圆点，外观极美，果肉米黄色、细密，质地硬，汁较多，果核较大，可食率 91.3%，粘核，可溶性固形物含量 15%，甜酸适口，风味佳，品质上等，在鲁中南地区 6 月中旬成熟，烟台 6 月下旬成熟，果实较耐贮运。成熟较晚，采前遇雨易裂果。

树势中庸，树姿开张，枝条粗壮，节间短，叶片多，树冠紧凑丰满，萌芽率和成枝率较强，较丰产，早坐果，但成熟较晚，采前遇雨易裂果，适合防雨栽培。

46. 芝罘红

原名烟台红樱桃。原产于山东烟台市芝罘区上夼村，系烟台市芝罘区农林局 1979 年在上夼村偶然发现的一个实生株，果实大型，平均单果重 8 g，最大果重 9.5 g；果实圆球形，梗洼处缝合线有短深沟；果梗长而粗，长 5.6～6 cm，不易与果实分离，采前落果较轻；果皮鲜红色，具光泽，外形极美观。果肉浅红色，质地较硬，汁多，浅红色，酸甜适口，可溶性固形物含量较高，一般为 15%，风味佳，品质上等；果皮不易剥离，离核，核较小，可食率 91.4%。耐贮运性强，丰产，适应性较强，几乎与红灯同熟，成熟期较一致，一般 2～3 次便可采完。

树势强健，枝条粗壮，直立。萌芽率高，成枝力强，一年生枝中短截后，89.3% 的芽都能萌发成枝，进入盛果期后，以短枝结果为主，各类果枝均有较强的结果能力，丰产性较好，七年生树单株产量达 15 kg。叶片较大，长约 13.6 cm，宽约 5.8 cm，叶缘锯齿稀而大，齿钝尖。

该品种果个大，早熟，外形极美观，品质好，果肉较硬，耐贮运性强，丰产，适应性较强，是目前提倡大力发展的红色早熟品种。

47. 雷尼

原名 Rainier，也称雷尼尔，美国华盛顿州 1954 年杂交，亲本为宾库×先锋，1985 年推出，基因型为 S_1S_4。中国农业科学院郑州果树研究所 1983 年引入，烟台 1989 年引入。大果型，黄红色，中熟，鲜食加工兼用型优良品种。

果个大，平均单果重 8～9 g，最大可达 12 g；果实宽心脏形，果柄短，果皮底色黄色，阳面着鲜红晕，光照良好时可全面红色，有光泽，艳丽。果肉黄色、中硬，可溶性固形物含量 15%～17%，品质佳。果核小、离核。可食率 93.5%。果皮薄，不耐碰压。山东半岛 6 月中旬成熟。

树势强健，枝条粗壮，节间短，树冠紧凑。叶片大而厚，深绿色。自花不实，适宜授粉品种为先锋、宾库等。花粉多，是优良的授粉品种。丰产、稳产，抗裂果，抗寒性强。

48. 晚红珠

辽宁大连市农业科学院杂交培育的极晚熟品种，果实宽心脏形，全面鲜红色，有光泽，平均单果重 9.8 g，最大可达 11.2 g，果个均匀；果实鲜红色，肉硬，质较脆，肥厚多汁，风味酸甜，耐贮运，抗裂果，极丰产，耐霜冻。山东烟台地区 6 月下旬到 7 月上旬成熟，采收时遇雨，易发生裂口现象。

49. 饴珠

辽宁大连市农业科学院杂交培育晚熟品种，果实宽心脏形，整齐。果实底色呈浅黄色，阳面着鲜红色，平均单果重 10.6 g，最大可达 12.3 g。肉质较脆，肥厚多汁，风味酸甜适口，品质上等，核较少，半离核，耐贮运，6 月中下旬成熟。

50. 吉美

西北农林科技大学选育，野生樱桃的自然杂交种，果实成熟期比红灯晚 25 d。果实大，心形，果皮紫红色，有光泽，果面多小而亮的果点，果实肉脆、酸甜适中，品质优，果肉硬，耐贮运。

51. 鲁比（Ruby）

早熟暗红色抗裂果品种。美国加利福尼亚州 Lodi 的 Marvin Nies 推出。亲本为 Hardy Giant×Bush Tartarian。果实中大，球形或心脏形，果柄短；果皮光亮，红色；果肉硬，暗红色；甜；抗裂果。早熟，较先锋早但晚于布莱特。自花不结实，花期较先锋早；早实，丰产。

52. 巨红

辽宁大连市农业科学院 1974 年杂交，亲本为那翁（Napoleon）×黄玉，1992 年定名，基因型为 S_4S_9。是一个大果型、黄红色、中熟、异花结实优良品种。

果个大，整齐，平均单果重 10.3 g，最大可达 13.2 g。果形宽心脏形，果皮浅黄色，向阳面着鲜红晕，有较明显的斑点，外观鲜艳有光泽。果肉浅黄白色，质硬脆，肥厚多汁，风味酸甜，可溶性固形物含量 19.1%，核中大，卵圆形，粘核，可食率 93.1%，山东烟台地区 6 月中旬成熟。

树势强健，生长旺盛。枝条粗壮，萌芽率高，成枝力强。叶片大，宽椭圆形，较厚，叶面平展，深绿色。早果性、丰产性、适应性均佳。适宜授粉品种为红灯、佳红。

53. 佳红

辽宁大连市农业科学院 1974 年杂交，亲本为宾库×黄玉，1992 年定名，基因型为 S_4S_6，为大果型、黄红色、早中熟、异花结实优良品种。

果个大而匀，平均单果重 9.7 g，最大 13 g。果实宽心脏形，果皮薄，浅黄色，阳面着浅红色。果肉浅黄色，质脆，肥厚，多汁，风味酸甜适口。核小，粘核，可食率 94.5%，可溶性固形物含量 19.7%，品质上等。果实发育期 55 d 左右，比红灯晚熟 1 周。

树势强健，生长旺盛，幼树生长较直立，结果后树姿逐渐开张，枝条斜生，一般 3 年开始结果，初果期中、长果枝结果，逐渐形成花束状果枝，5～6 年以后进入高产期。在红灯、巨红等授粉树配置良好的条件下，自然坐果率可达 60% 以上。

54. 13－33

辽宁大连市农业科学院育成的黄色晚熟优系，日本引入后命名为'月山锦'，是目前观光采摘的特色品种。

果个大，平均单果重 10 g，最大可达 13 g。果实圆形，果顶微尖；果面黄白至黄色，有光泽；果肉黄色，肉质较软，肥厚多汁，有清香，可溶性固形物含量 19% 以上，甜味浓，品质极上等。可食率 94.5%。山东烟台地区 6 月中下旬成熟。

幼树生长旺盛，树姿直立，结果后树势中庸，树姿开张，主枝分枝角度大，萌芽力中等，成枝力较强，盛果期后，花束状果枝、短果枝、中果枝皆可结果。自花不实，需配置授粉树。此品种果肉较软，不耐贮运，但可以作为观光果园的采摘品种。

55. 艳红

原名 Starkrimson，美国加利福尼亚州 Zaiger M 杂交育成的自花结实、红色、中熟优良品种，亲本为斯太拉（Stella）×宾库（Bing），1985 年推出，基因型为 S_3S_4。山东烟台市农业科学院1996 年从美国引入，2009 年通过山东省农作物品种审定委员会审定。

果实短心脏形，果个大，平均单果重 8.7 g，最大可达 11.2 g；果皮红色至深红色，蜡质厚、光亮。果肉淡红，较硬，酸甜可口，可溶性固形物含量 18% 左右，品质上等，耐贮运，较抗裂果。在烟台 6 月中旬果实成熟。

树体开张，早实性好，极丰产。成枝力中等；以腋花芽、花束状结果枝结果为主，盛果期树花束状果枝占 71.3%，中果枝10.9%，长果枝 17.8%。枝条甩放后，形成一串叶丛枝极易成花，顶芽萌发长梢后，基部 5～7 个芽易形成腋花芽结果。

56. 彩霞

北京市农林科学院林业果树研究所从樱桃实生后代群体中选育出的晚熟新品种，亲本不详，基因型为 S_3S_6。2010 年通过北京市林木品种审定委员会审定。

果实扁圆形，初熟时黄底红晕，完熟后全面鲜红色。果个中等，平均单果重 6.23 g，最大可达 9.04 g，可溶性固形物含量 17.05%。果肉黄色，脆，汁多，风味酸甜可口。可食率 93%，果柄长。果实发育期 72～74 d，北京地区 6 月中下旬成熟。

树姿开张；一年生枝阳面棕褐色，新梢微红。叶椭圆倒卵形，绿色；叶面平展，半革质，叶背密被短茸毛；花粉量多，花期早，萼筒内壁橘黄色，雌蕊高于雄蕊。早果丰产性好，自然坐果率高。树势中庸，花芽形成好，各类果枝均能结果，初果期以中长果枝结果为主，进入盛果期后，以短果枝和花束状果枝结果为主。授粉品种宜选用雷尼、红灯、先锋等。

57. 彩虹

北京市农林科学院林业果树研究所选育出的中熟品种。果实扁圆形，果皮橘红色，艳丽美观。果个中等，平均单果重 7.68 g，最大可达 10.5 g，可溶性固形物含量 19.44%。果肉黄色，脆，汁多，风味酸甜可口。烟台地区 6 月中旬成熟。树姿开张，早果丰产性好，自然坐果率高。树势中庸，花芽形成好，果实在树上时间可维持 30 d，适合采摘。

58. 早丹

北京市农林科学院林业果树研究所从保加利亚引入的樱桃品种 Xesphye 的组培无性系中发现的早熟变异，基因型为 S_1S_6，异花结实，低需冷量品种。2010 年通过北京市林木品种审定委员会审定。

果实长圆形，初熟时鲜红色，完熟后紫红色。果个中大，平均单果重 6.2 g，最大可达 8.3 g，果肉红色，汁多，可溶性固形物含量 16.6%，风味酸甜可口。核重 0.28 g，核长 1.07 cm，可食率 96%，果柄中长，果实发育期 25～33 d，北京地区 5 月上中旬成熟。

树姿较开张；一年生枝阳面棕褐色，叶片倒卵圆形，花粉量多，花期早。早果性、丰产性好，自然坐果率高。树势中庸，花芽形成好，各类果枝均能结果，初果期以中长果枝结果为主，进入盛果期后，以短果枝和花束状果枝结果为主，7 ℃以下低温需求量约 600 h，适宜温室栽培。授粉品种宜选用雷尼、红灯、先锋等。

59. 香泉 1 号

北京市农林科学院林业果树研究所杂交选育的黄红色、晚熟、自花结实品种，亲本为斯太拉×先锋，2012 年通过北京市林木品种审定委员会审定。

果实近圆形，黄底红晕。果个大，平均单果重 8.4 g，最大可达 10.1 g。可溶性固形物含量 19.0%，品质好。可食率 95.0%。果实发育期 50～55 d。北京地区 6 月上中旬成熟。

树姿较直立，树势中庸；进入盛果期后以花束状果枝结果为主。早果丰产性好，自然坐果率高达 72.2%，自交结实。

60. 香泉 2 号

北京市农林科学院林业果树研究所实生选出的早熟、黄红色优良品种，母本拉宾斯，父本不详。2012 年通过北京市林木品种审定委员会审定。

果实肾形，黄底红晕，艳丽美观。平均单果重 6.6 g，最大可达 8.3 g；可溶性固形物含量 17.0%。果肉黄色，软，汁多，风味浓郁，酸甜可口。可食率 94.4%。果柄短。果实发育期 36 d 左右，北京地区 5 月 18 日前后成熟，

树势中庸，树姿较开张；新梢微红，二年生枝阳面棕褐色。花粉量多，花期较早，萼筒内壁橘黄色，雌蕊高于雄蕊。早果丰产性

好，花芽形成好，各类果枝均能结果，以中果枝、短果枝、花束状果枝结果为主。自然坐果率高达 60%，建议配置品种先锋、雷尼等。

61. 哥伦比亚

又名北顿（Benton），美国华盛顿州立大学杂交培育，亲本为斯太拉×Beaulieu，1971 年杂交，育种编号为 PC71－46－8，2003年推出，基因型为 S_4S_9，自花结实。2010 年通过山东省林木品种审定委员会审定。

果实阔心脏形，果面深红色，有光泽。果个大小整齐，成熟度一致，平均单果重 9.96 g；可溶性固形物含量 16.71%，总糖含量11.18%，总酸含量 0.78%，糖酸比为 14.33，可食率 92.5%，肉质硬脆，肥厚多汁，风味酸甜可口，品质优良，耐贮运。

树姿开张，生长旺盛，自花授粉，产量稳定。耐贮运。在泰安果实成熟期为 5 月 25—28 日。花期较晚能够避开晚霜的危害；抗采前裂果。

62. 红南阳

国外引进品种，樱桃品种南阳的红色芽变。2010 年通过山东省林木品种审定委员会审定。

果实椭圆形，果顶稍凸，缝合线色淡，明显。果皮黄色，向阳面着红晕，有光泽。果皮厚，耐贮运。果个大，平均单果重 10.63 g。果肉硬而多汁，浅黄色，可溶性固形物含量 16.4%，总糖含量10.41%，总酸含量 0.79%，糖酸比为 13.18，风味浓郁，口感极甜，品质极佳。果肉硬，果皮厚，耐贮运，在山东泰安成熟期一般为 6 月 3—5 日。

该品种树姿开张，生长旺盛，萌芽率高，成枝力强。极抗采前降雨引起的裂果和炭疽烂果病。

63. 波尔娜

国外引进品种，原名 Полна，亲本来源不详。2012 年通过山东省林木品种审定委员会审定。

果实宽心脏形，缝合线色深，明显。果皮深红色，有光泽。果皮厚，耐贮运。果个大，平均单果重 10.66 g，最大可达 15.38 g。果肉脆硬，多汁，紫红色，可溶性固形物含量 15.2%，总酸含量 0.63%，糖酸比为 24.13。果肉硬，果皮厚，耐贮运。口感酸甜，品质佳。在山东泰安成熟期为 5 月 20—25 日。

该品种树姿开张，生长中庸。主干深褐色，多年生枝红棕色，当年生新梢灰绿色。

64. 燕子

国外引进品种，又名 Ласточка，亲本来源不详。2012 年通过山东省林木品种审定委员会审定，是一个极早熟优良樱桃品种。

果实近圆形，果面紫红色，有光泽，缝合线不明显，果皮中厚，抗裂果。果个大小整齐，成熟期一致，平均单果重 6.33 g。果柄中长，果肉和汁液紫红色，可溶性固形物含量 14.0%，总酸含量 0.8%，糖酸比为 17.5，可食率 94.17%，酸甜可口，品质优良。在山东泰安果实成熟期为 5 月 1—5 日。

树姿开张，生长势中等，枝条细弱，萌芽率高，成枝力强。具有早实、丰产稳产、品质优良、适应性广、果实成熟期极早的优良特性。采前裂果率极低。

65. 早红珠

辽宁大连市农业科学院从宾库的自然杂交实生苗中选出，2011 年通过辽宁省种子管理局备案。

果实宽心脏形，平均单果重 9.5 g，最大可达 10.6 g。全面着紫红色，有光泽。果顶圆、平；梗洼中广、中深、缓。核卵圆形，较大，粘核。果肉天竺葵红，肉质较软，汁液多，风味酸甜，鲜食品质上等。可食率 89.87%，可溶性固形物含量 18%～20%，总糖含量 12.52%，可滴定酸含量 0.71%，较耐贮藏。果实发育期 40 d 左右，大连地区 6 月上旬成熟期，比红灯早熟 4～6 d，为早熟品种。

幼树枝条直立生长，枝条粗壮，萌芽率高，成枝力较强，初结果树以中果枝结果为主，随着树龄的增长，长、中果枝所占的比例减少，花束状果枝和莲座状果枝所占的比例增加。自花结实率低。适宜授粉品种有佳红、雷尼、红艳、红蜜、红灯、晚红珠等。

66. 早露

辽宁大连市农业科学院从那翁的自然杂交种子中选育的品种。2012 年通过辽宁省种子管理局备案。果实宽心脏形，全面紫红色，有光泽。平均单果重 8.65 g，最大可达 10.17 g。核卵圆形，较大，粘核。果实全面呈紫红色，有光泽，外观色泽美。果肉天竺葵红，肉质较软，肥厚多汁，鲜食品质上等。可溶性固形物含量 18.9%，总糖含量 10.7%，可滴定酸含量 0.34%，果实可食率 93.1%。果实发育期 35 d 左右，辽宁大连地区 5 月末 6 月初成熟，早熟、鲜食品质上等是其突出特点，较耐贮运。

树势较强健，萌芽率高，成枝力较强，枝条粗壮。幼树期枝条较直立生长，此期以中长果枝结果为主，随着树龄的不断增加，各类结果枝比率也在逐渐调整，长、中果枝比例减少，花束状果枝比例增大。自花结实率低，适宜授粉品种有佳红、红艳、美早、红灯、早红珠、红艳等。

67. 春绣

中国农业科学院郑州果树研究所从宾库的自然实生后代中选出的紫色、晚熟品种。2012 年通过河南省林木品种审定委员会审定。

果实心脏形，果实大小整齐均匀，平均单果重 9.1 g，果顶圆平，缝合线平；果肉红色，肉质细脆，硬肉型，耐贮运；果皮紫红色，有光泽，着色均匀一致；果与柄较难分离，可食率 93.2%，可溶性固形物含量 17.6%，可滴定糖含量 9.10%，可滴定酸含量 0.72%，酸甜适口，风味浓郁，品质上等。果实发育期耐高温。果实发育期 54～56 d，郑州地区成熟期 5 月 31 日左右。

幼树生长旺盛，枝条健壮，枝条基角自然开张，角度较大，生长势中等，成枝力强。春绣早果丰产性好，自然结实率高，生理落果轻。枝条缓放后很容易形成花芽，初果期以中长果枝结果为主，进入盛果期以后，以花束状果枝和中长果枝结果为主，花束状果枝比例高达 71.2%。自花不实，适宜授粉品种为龙冠、先锋、意大利 3 号等。

68. 春艳

中国农业科学院郑州果树研究所杂交育成的大果型、黄红色、早熟、异花结实樱桃新品种，亲本为雷尼×红灯，2012 年通过河南省林木品种审定委员会审定。

果实黄底红晕，非常鲜艳。短心脏形，果顶凹，缝合线平。平均单果重 8.1 g。果柄短，果与柄难分离，梗洼较浅。果肉黄色，肉质细脆、多汁，可溶性固形物含量 17.2%，总糖含量 11.55%，可滴定酸含量 0.93%，甜味浓，微酸，风味浓郁，品质上等。果实发育期 44~47 d，郑州地区 5 月 13—14 日成熟。

树姿较开张，生长势中等，干性较强。叶片中大，多为长椭圆形；幼树以中长果枝结果为主，进入盛果期后，以中果枝和花束状果枝结果为主，具有较好的早果性和丰产性，较抗裂果，畸形果率也较低。属自花不实品种，栽培时应配置授粉树。

69. 赛尔维亚

原名 Sylvia，加拿大不列颠哥伦比亚省的萨默兰太平洋农业食品研究中心杂交育成，亲本为先锋（Van）×萨姆（Sam），基因型为 S_1S_4。1986 年推出，中国农业科学院郑州果树研究所于 2001 年从德国引入，2012 年通过河南省林木品种审定委员会审定。

果实心脏形，紫红色，有光泽，着色均匀一致；平均单果重 9.3 g，果顶微凹，缝合线平，果肉红色，肉质细脆，硬肉型，耐贮运；果与柄较难分离；可溶性固形物含量 16.2%、总糖含量 10.2%、总酸含量 0.71%，可食率 92.9%，畸形果率 2.1%，酸甜适口，鲜食品质上等。

树冠中大，生长势中等，萌芽力、成枝力强，枝条短粗，分枝角度较小；具有良好的早果性，初果期以中长果枝结果为主，进入盛果期以后，以花束状果枝结果为主，中长果枝和短果枝较少。适宜授粉品种为萨米脱、艳阳、柯迪亚、雷吉娜。

70. 乌梅极早

乌克兰农业科学院灌溉园艺科学研究所用法兰西·约瑟夫与早熟马尔齐杂交育成的早熟品种。

平均单果重5～6 g，果实圆形至心脏形。果梗长，易与果枝分离。果皮红色，完熟后变暗红色。果肉鲜红色带白色条纹，柔嫩多汁，半软。果汁玫瑰色，味酸甜。鲜食品质上等。果实发育期28～32 d。极早熟品种。

71. 正光锦 （Seiko nishiki）

福岛县伊达郡佐藤正光氏从香夏锦的自然实生苗中发现的偶然实生种，1987年取得日本农林水产省新品种注册。

果实中大，平均单果重7.4 g左右，短心脏形。果皮红色，有红晕。果肉比香夏锦稍硬，暗红色。果汁少，糖度达到16度，果实甘甜味美，品质优于香夏锦。在山东威海6月上旬成熟，比红灯晚熟5 d左右。

72. 高砂 （Kockport）

又名伊达锦、玉大锦、日大锦。原产美国俄亥俄州的克利夫兰，是从黄西班牙（Yellow Spanish）的实生苗中选育的一个中熟品种，经日本引入辽宁大连。

果实中大，平均单果重6～7 g，疏果后可达10 g，长心脏形或圆锥形。果皮薄，光亮而柔软，底色黄，上有浅红色晕，外观美丽，斑点多而小，不明显。果肉黄白，多汁，果汁无色。风味酸甜，可溶性固形物含量16.5%，糖含量11.5%，品质优良。核大，半离核，可食率66.5%。在山东烟台6月上旬成熟。

73. 水晶 （Governor Wood）

1842 年由美国克利夫兰（Cleveland）、柯特兰（J. P. Kirtland）育成，果实小，平均单果重 3.7 g，最大可达 5 g。果实宽心脏形，形状端正，果顶宽平圆。果梗细长。果皮薄而柔软，易剥离，有透明感，乳黄色，成熟后为深黄色，果实向阳面具鲜红色晕，果点细而多，淡红色。果肉淡黄色、软，果汁较多，味极甜。果核为圆形，面光滑，小，粘核。6 月上旬成熟。

74. 早红宝石

乌克兰农业科学院灌溉园艺科学研究所用法兰西斯与早熟马尔齐杂交育成的早熟品种。主要经济性状：果实平均单果重 4.8～5 g，宽心脏形。果梗较粗，易与果枝分离。果皮、果肉暗红色，柔嫩、多汁，果汁红色，味纯，酸甜适口。果核小，离核。鲜食品质中等。果实发育期 27～30 d。极早熟品种。

75. 秀雅锦 （Shuga Nishiki）

日本山形县东根市元藤庄太氏用高社锦×佐藤锦杂交选育的新品种，果实中大，平均单果重 7～10 g，短心脏形。果皮底色黄色，着鲜红晕，有光泽。果肉乳白色，软，果汁多，甜味浓，酸味少，作为早熟品种品质良好。比红灯晚熟 3～5 d。

76. 佐藤锦

日本大正元年由山行县东根市的佐藤荣助用黄玉×那翁育成。1928 年中岛天香园命名为佐藤锦，1986 年烟台、威海引进栽培，表现丰产、质优，正在扩大栽培。

果实中大，平均单果重 6.7 g，短心脏形，果皮底色黄色，上着红晕，光泽美丽。果肉白中带鲜黄色，肉厚，核小，可溶性固形物含量 18%，酸甜适口，口感好，品质上等，在山东烟台 6 月上旬成熟，比那翁早熟 5 d，丰产，鲜食品质最佳。在日本被认为是最有竞争力的鲜食品种，佐藤锦适应性强，在山丘地砾质壤土和沙壤土栽培，生长结果良好，但我国引种试栽，认为颜色和成熟期不够理想。

77. 黑砂糖锦

在佐藤锦的枝变株系中发现的一个浓红色品种。因果实如黑砂糖一样浓甜，故名黑砂糖锦。平均单果重 10 g 左右，果形同佐藤锦，但着色好，全果紫红色，果肉比佐藤锦稍硬，近成熟不软化。比佐藤锦糖度高，可达 25％。与佐藤锦同期成熟，但采收时间较长。

78. 红秀峰

1978 年由日本山形县立园艺试验场以佐藤锦和天香锦杂交育成的品种。1991 年进行了新品种登记。果实扁圆形，平均单果重 8～9 g。果肉黄白色，肉质硬，在树上的挂果时间长。可溶性固形物含量 20％左右，6 月中下旬开始采收。

79. 明月

由那翁、佐藤锦和拿破仑混栽园所采的种子，经实生繁殖选育而成，果实心脏形。平均单果重 11～12 g。果皮红色，具红黄色斑。果肉乳白色，硬度中等，甜味中等，酸味少。果核周围无着色。6 月上中旬采收。

80. 大将锦

日本山形县加藤勇在佐藤锦、那翁、高砂等混栽园里偶然发现的实生单株。1990 年登记。果实短心脏形，平均单果重 10 g。果肉硬，果汁多，甜味多，酸味少。采收期 6 月底或 7 月初，为晚熟品种。

81. 南阳

日本山形县农业实验场以那翁品种为母本的实生苗中选育的新

品种，1979 年正式登记。果实短心脏形。平均单果重 8～10 g。缝合线明显，果皮黄色，阳面红色，外观美丽，果肉脆而多汁，糖含量 14%～16%，酸含量 0.55%～0.60%，口味醇厚、适口，品质极优，采收期在盛花后 55 d。但易裂果。

82. 胜利

果实大，单果重 10～12 g，最大果重达 15 g 以上，扁圆锥形，紫红色，汁多，味酸甜，硬肉，鲜食品质极佳。花后 45～50 d 果实成熟，耐贮运。

植株健壮，抗寒抗旱，以花束状果枝和一年生果枝结果，嫁接苗栽后第三年始果，成龄树每 667 m² 产量达 1 153.34 kg 以上。

83. 抉择

果实大，整齐，单果重 9～11 g，圆形至心脏形，紫红色，果肉细嫩，多汁，半硬肉，酸甜爽口。果皮细薄，易剥离，汁液紫红色，鲜食品质佳，花后 42～45 d 果实成熟。

植株健壮，抗寒抗旱，以花束状果枝和一年生果枝结果，嫁接苗栽后第三、四年始果，成龄树每 667 m² 产量达 1 033.33 kg以上。

84. 宇宙

果实大，整齐，单果重 9～11 g，圆形至心脏形，果实绯红色，极漂亮。果肉奶油色，多汁，酸甜适口，硬肉，汁无色，鲜食品质佳，花后 50～55 d 果实成熟。

植株健壮，抗寒抗旱，以花束状果枝和一年生果枝结果，嫁接苗栽后第三、四年始果，成龄树每 667 m² 产量达 1 140 kg 以上。

85. 红蜜

辽宁大连市农业科学研究所以亲本那翁×黄玉杂交育成。果实扁圆形，整齐，平均单果重 5.1 g，最大可达 6 g，果皮杏黄色，阳面具红晕，有光泽，果肉黄白色，肉质软，汁多，甜酸适口，品质极佳，果核小，粘核，可溶性固形物含量17%。

树势强健，生长中庸，树姿开张，萌芽力、成枝力均较强。果实丰产，在辽宁大连地区4月中下旬开花，6月上旬果实成熟，果实发育期40～50 d。

86. 兰伯特

美国品种，可能是那翁×心脏青的杂交后代。平均单果重6.0 g，果实心脏形，果皮紫黑色有光泽，果肉暗红色，肉质致密，脆硬，具有芳香味，汁多，汁液红色，味甜稍酸，品质优，果核小，粘核，可食率93.5%，果实较耐贮运。

树冠直立稍小，呈圆头形，成枝力中等，花束状枝较多，花中等大小，易成花，每个花芽开1～4朵花，多为3朵，由于树冠较小，适于密植，丰产性好。果实成熟期在6月下旬。果实适于鲜食、酿酒、加工果酱，该品种是美国樱桃生产主栽品种之一。

87. 烟台一号

1979年山东烟台市芝罘区农林局选出，定名为烟台一号。该品种生长和结果习性极似那翁，树势较强，直立，叶片大且长，叶缘锯齿大而钝，齿间浅，花极大，果个大，平均单果重6.5～7.2 g，最大可达8 g以上，果面有紫红点，果肉脆硬，果汁较多，极甜，可溶性固形物有时高达20%，品质极佳，果核小，可食率95%以上，与那翁相比幼树期偏旺，进入结果期较晚，其他生长结果习性与那翁相似，可在需要栽培那翁时以该品种代替。

88. 大紫

又名大红袍、大红樱桃。原产于苏联，在克里木地区栽培历史有190余年。1794年引入英国，19世纪初引入美国，1890年引入山东烟台，后传至辽宁、河北等地，是目前我国的主栽品种之一。

平均单果重 6.0 g 左右，最大可达 10 g，果实心脏形或宽心脏形，果梗中长而较细，不易落果，果皮初熟时浅红色，成熟后为紫红色或深紫红色，有光泽，皮薄易剥离；果肉浅红色至红色，质地软，汁多，味甜，可溶性固形物含量因成熟度和产地而异，一般在 12%～16%，品质中上等；果核大，可食率 90%，开花期晚，一般比那翁、雷尼晚 5 d 左右，但果实发育期短，为 40 d 左右，在山东半岛 5 月下旬至 6 月上旬成熟，在鲁中南地区 5 月中旬成熟，成熟期不太一致，须分批采收。

树势强健，幼树期枝条较直立，随着结果量增加逐渐开张；萌芽力高，成枝力较强，节间长，枝条细，树体不紧凑，树冠内部容易光秃。叶片为长卵圆形，特大，平均长 10～18 cm，宽 6.2～8 cm，故有"大叶子"的别称。

成熟早，外形美观，品质较好，商品性高，同时又是优良的授粉品种。果农喜欢栽植这一品种，特别在鲁南地区抢占早期市场具重要作用。据报道，成龄树株产 100 kg 左右，最高株产达 500～700 kg，抗褐腐病。较丰产，果肉软，耐贮性差。该品种适合早春回暖快、城市近郊及交通便利的地区适当发展。

89. 那翁

又名黄樱桃、大脆、黄洋樱桃，为欧洲原产的一个古老品种。早在 18 世纪，德国、法国、英国已有栽培，为鲜食及加工的优良品种。1862 年美国园艺学会在其果树名录上加了那翁这一品种，1880—1885 年从朝鲜仁川引入山东烟台，目前是辽宁、山东等樱桃产区的主栽品种之一。

果实中大，平均单果重 6.5 g，最大可达 8 g，心脏形或长心脏形，果顶近圆形或尖圆形，果梗长，与果实不易分离，落果轻，成熟时遇雨易裂果，果皮乳黄色，阳面有红晕间有大小不一的深红色斑点，富光泽，皮较厚韧，果肉浅米黄色，肉质脆硬，汁多，可溶性固形物含量 14%～16%，甜酸可口，品质上等，可食率 93.36%。在鲁中南地区 6 月上旬成熟，烟台地区 6 月中旬成熟。

自花结实能力低，需配置大紫、水晶、红灯等授粉品种。该品种是很好的鲜食加工兼用品种。

树势强健，树姿较直立，成龄树长势中庸，树冠半开张，萌芽率高，成枝率中等，枝条粗壮，节间短，树冠紧凑，盛果期树多以花束状果枝、短果枝结果为主，中长果枝较少，树冠内枝条稀疏，结果枝寿命长，结果部位外移较慢，高产稳产，叶片较大，厚而浓绿，长倒卵圆形，或长椭圆形。

抗寒力、适应性强，在山丘砾质壤土和沙壤土栽培，丰产性状良好，盛果期株产一般 30～50 kg，最高株产 150～200 kg，果实宜鲜食也适合加工。较耐贮运，花期耐寒性高，果实成熟期遇雨较易裂果。对土壤条件要求较高，可在土壤肥沃、有灌溉条件的地方发展。

90. 极佳

果实大，单果重 6～8 g，紫红色。果肉紫红色带有白色纹理，半硬肉，汁多，汁浓，紫红色，葡萄甜味，鲜食品质佳。果核圆、光滑。花后 32～35 d 果实成熟。

植株生长强健，抗寒抗旱，嫁接苗栽后第三、四年始果，以一年生果枝和二至五年生花束状果枝结果，花束状果枝寿命可达11～14 年，成龄树每 667 m² 产量达 750 kg 左右，最高每 667 m² 产量达 1 020～1 040 kg，经济效益高。

91. 早丰

辽宁大连市农业科学研究所以亲本黄玉×宾库杂交育成，果实阔心脏形，整齐，平均单果重 5.1 g，最大可达 5.8 g。果皮深红色或紫红色，有光泽，外观艳丽，肉质较软，果肉中厚，甜酸适口，品质优，可溶性固形物含量 11.3%～12.5%。果核小，粘核，较耐贮运。

树势强健，树姿较开张，枝条中粗，萌芽力、成枝力强，花芽大，成花易，早果性好。栽植后第三年开始结果，在山东半岛地区，4 月中下旬开花，5 月 20 左右果实成熟，果实发育期 30～35 d。

92. 含香

又名俄罗斯 8 号，果实宽心脏形，双肩微凸，果柄中长；果个中等，平均单果重 8.5 g，果实鲜红，果肉酸甜，酸味稍重。可溶性固形物含量 14.5%，风味中上等；花芽分化期抗高温能力弱。果实发育期 50 d 左右，烟台 6 月上中旬成熟。裂果稍重。自花结实率低，需配置授粉树，适宜的授粉品种有先锋、拉宾斯、黑珍珠等。抗寒性较好。

(二) 酸樱桃品种介绍

酸樱桃，也称欧洲酸樱桃，在樱桃中占有很大的比重。全世界樱桃品种 2 000 多个，其中酸樱桃有 1 400 多个，约占 70%；樱桃越多的国家越注重发展酸樱桃及其加工品。而我国只有山东、新疆等地有少量栽培，优良品种几乎是空白。山东烟台 1871 年由美国引入毛把酸，新疆塔城 1887 年从俄罗斯引入酸樱桃，大连地区还有零星的玻璃灯。这些品种果个偏小，单果重只有 2～3 g。

酸樱桃适应性强，病虫害极轻，管理省工。利用荒山、荒坡栽培酸樱桃，能进一步增加农民收入，带动相关产业，促进我国樱桃产业全面健康发展。

1. 艾尔蒂

原名 Erdi botermo，是酸樱桃与樱桃的杂交品种，生食加工兼用品种，在匈牙利有近百年的栽培历史，2000 年引入山东烟台市农业科学院。

果实近圆形，果皮紫红色，果肉多汁，平均单果重 7.3 g，最大可达 8.6 g，核重 0.3 g，果柄长 3.89 cm，果实纵径 2.04 cm，横径 2.29 cm，侧径 2.03 cm；可溶性固形物含量 17.8%，可食率 93.2%。出汁率 76.7%。山东烟台地区成熟期在 6 月中旬。

树势中庸，树姿开张。以中长果枝结果为主，两者占总果枝量的比例分别为 30.1% 和 37.0%，其次为短果枝，比例为 24.7%，花束状类型的果枝最少，仅占 8.2%。抗逆性强，自花结实，丰产、稳产。

2. 玫丽

西北农林科技大学樱桃课题组选育的优良酸樱桃加工品种，是樱桃和草原樱桃的自然杂交种，自花结实。2010 年 6 月通过陕西省林木品种审定委员会审定。

果实扁球形。单果重 5 g，果皮紫红色，有光泽，味酸甜，汁多，颜色鲜红。总糖含量 7.96%，总酸含量 1.45%，可溶性固形物含量 14.1%，可溶性蛋白质含量 1.87%，每千克鲜重含维生素 C 149.0 mg、铁 57.8 mg、钙 1 021.6 mg，果实出汁率达到 86.9%。适宜机械采收，是优良加工品种。陕西三原地区果实成熟期为 5 月中旬。

3. 奥德

西北农林科技大学选出的自然杂交种，属酸樱桃品种。1995 年陕西省果树研究所樱桃课题组选育出优系。2010 年 6 月通过陕西省林木品种审定委员会审定。

果实扁球形，果实紫红色，有光泽，甜酸，味浓，汁多，果肉色红，适宜机械采收。单果重 5.5 g，总糖含量 10.36%，总酸含量 1.45%，可溶性固形物含量 15.9%，可溶性蛋白质含量 1.40%，每 100 g 鲜重含维生素 C 17.60 mg、铁 4.61 mg、钙 82.53 mg，果实出汁率达到 85.2%。

果汁中，总糖含量 11.39%，总酸含量 1.28%，可溶性蛋白质含量 1.03%，单宁含量 0.08%，铁含量 158.6 mg/kg，每 100 g 果汁中钙含量 292.0 mg。

幼树萌芽力强，成龄树中等。自花授粉。

4. 秀玉

匈牙利酸樱桃品种，原名 debreceni bötermö。山东省果树研究所 2005 年引入，2011 年通过省级验收，暂定名秀玉。

果实宽心脏形，果柄长 3.4 cm，果实纵径 1.8 cm，横径 2.1 cm，果形指数 0.86，平均单果重 5.5 g，最大单果重 7.3 g，果实整齐度高。成熟时果皮浓红色，果肉黄色。可溶性固形物含量 18.6%，可滴定酸含量 2.19%，总糖含量 17.1%，可食率 94.9%。果实发育期 52~59 d，山东泰安地区 6 月上中旬果实成熟。

果实出汁率 86.09%，鲜汁中，可溶性固形物含量 12.77%，pH 3.26，可滴定酸含量 0.962%，每 100 g 果汁中维生素 C 含量 19.49 mg。鲜汁颜色为明亮的浅红色，多酚含量 0.620 g/L，单宁含量 0.590 g/L。原汁在 4 ℃下的贮藏稳定性良好。

树姿开展，树体健壮，长果枝占比较大，其次为花束状果枝和中果枝，短果枝比例最低。

5. 岱玉

匈牙利酸樱桃，为 debrecem bötesmö×ujfehéféi furbös 的杂交优选株系。山东省果树研究所 2005 年引入，2011 年通过省级验收，暂定名岱玉。

果实宽心脏形，果柄长 3.8 cm，果实纵径 2.1 cm，横径 2.8 cm，果形指数 0.75，平均单果重 7.2 g，最大单果重 8.6 g，果实整齐度高。成熟时果皮紫红色，果肉红色，离核。可溶性固形物含量 19.2%，总酸含量 2.10%，总糖含量 11.0%，可食率 94.8%，果实味酸。果实发育期 60~65 d，山东泰安地区 6 月下旬成熟。

果实出汁率 81.9%，果汁可溶性固形物含量 16.57%，pH3.25，可滴定酸含量 2.10%，糖酸比达 7.75，每 100 g 果汁中维生素 C 含量 46.15 mg，多酚含量 1.962 g/L，单宁含量 1.012 g/L。在 4 ℃下的贮藏稳定性良好。

树势中庸，树姿开展，以长果枝结果为主，其次为中果枝和短果枝，花束状果枝比例最低。抗寒、抗盐碱、耐贫瘠。晚熟、早实、丰产、加工性能好。

三、樱桃砧木

樱桃栽培成功的关键是选择优良砧木，这对品种早果性、丰产性、果实大小、果实品质等生长发育特性起到关键作用，也影响其抗逆性和树体寿命。优良的砧木要求：①生根容易，根系发达；②繁殖容易，用扦插、组培、压条、种子等方法容易繁殖；③抗逆性强，对根瘤、流胶、涝害、干旱的抵抗力强；④与多个品种的嫁接亲和力强。

1. 中国樱桃

又称小樱桃，起源于中国的长江流域。全国的大部分地区有分布。中国樱桃为小乔木，分蘖力强，须根发达，适应性广，耐干旱抗瘠薄，但不抗涝。作为砧木，嫁接苗木根系浅、固地性差。实生、扦插、压条都易生根，嫁接成活率高，目前生产上常用的有以下几种：

(1) 大青叶 也称大叶樱桃或大叶草樱，烟台地区常用的一种砧木，烟台高新区樱桃砧木研究所从中国樱桃中选出的优良砧木。叶片宽大，叶片厚，根系发达，分布较深，毛根较少，粗根和垂直根较多，根在土壤中分布范围广，且较深，深度一般在 30 cm 以上，最深可达 2 m 以上，二年生苗木根直径在 0.5 cm 以上的多达 5~6 条，抗倒伏；秋季落叶较早，通常在 11 月 10 日前后落叶，休眠时间长，养分积累好，抗逆性强，较抗根瘤病；与樱桃大多数品种亲和性好，枝接或芽接成活率高，嫁接的成熟树，花束状结果枝连续结果能力强，盛果期长，丰产稳产；该砧木繁殖容易，多采用压条繁殖，目前是应用最多的樱桃砧木。嫁接樱桃后，固地性好，长势强，不易倒伏，抗逆性较强，寿命长，是樱桃的优良砧木。

（2）莱阳矮樱桃　中国樱桃的一个矮生类型，20 世纪 80 年代山东省莱阳市林业局对当地进行中国樱桃资源考察时发现的，1991年通过鉴定并命名。主要特点是树体矮小、紧凑，仅为普通型樱桃树冠大小的 2/3 左右。树势强健，树姿直立，分枝较多，节间短，叶片大而厚。用莱阳矮樱桃嫁接樱桃，亲和力强，成活率高。一年生的嫁接苗，生长量比较小，有明显的矮化性能，但随树龄增加，矮化效果不明显，且有"小脚"现象，根系较发达，须根多，固地性强；几乎不患根瘤病。生产中没有大量推广。目前在莱阳及周边有少量分布。

（3）山樱桃　又名东北黑山樱、本溪山樱。辽宁省农业科学院园艺研究所和本溪果农从辽东山区野生资源中筛选出来，分布于辽宁省的凤城、本溪、宽甸和吉林的长白山、集安、通化等地。主要产地为本溪，故也称本溪山樱。是辽宁旅顺大连地区主要利用的砧木。山樱桃为高大乔木，三十年生大树高可达 20 m 以上。主要用种子繁殖，种子发芽率高，播种当年砧苗生长健壮，当年可嫁接，嫁接成活率高，一般可达到 80% 左右，可扦插繁殖。用实生砧嫁接樱桃表现亲和力强，成活率高，根系发达，主侧根皆较发达，抗旱抗寒性强，缺点是抗涝性较差。用山樱桃作樱桃砧木，应注意种类的选择，以免患"小脚病"、根瘤病。

2. 毛把酸

又名磨把酸、磨把儿，是欧洲酸樱桃的一个品种。1871 年引入我国山东烟台芝罘和龙口等地。现在山东蓬莱福山等地有零星栽培，为灌木或小乔木，树冠矮小，树势强，叶片小；毛把酸种子发芽率高，根系发达，固地性强；实生苗主根粗，细根少，须根少而短，与樱桃亲和力强。嫁接树生长健旺，树冠高大，属乔化砧木，丰产，长寿，不易倒伏，耐寒力强。但在黏性土壤上生长不良，并且容易感染根癌病。

3. 考特

英国东茂林试验站 1958 年用欧洲樱桃和中国樱桃杂交育成，是世界第一个樱桃半矮化砧，于 1977 年通过鉴定而推出无病毒的无性系砧木。嫁接樱桃后从定植后 4～5 年这段时期里，树冠大小和普通砧木无明显差别，以后随树龄的增长，表现出矮化效应，其生长量与马扎德实生砧木相比要矮 20%～30%，目前是欧美各国的主要樱桃砧木之一。

扦插或组织培养容易生根，也可压条、分株繁殖，与樱桃品种嫁接亲和力强，成活率高，接口愈合良好，与接穗品种的生长发育一致，无"大脚"或"小脚"现象。特别是侧根及须根生长量大、分蘖生根能力很强，根系发达，抗风能力强，固地性强，较抗旱和耐涝；嫁接亲和力好，成活率高；一般品种接后 3 年即可开花结果，4 年后进入盛果期。成熟期早，个头大，品质好。缺点是易感根癌病；抗旱性差，适宜在比较潮湿的土壤中生长，不宜在背阴、干燥和无灌溉条件的地块栽植，也不宜在土壤黏重、透气性差及重茬地块上栽植。目前，考特砧木在山东潍坊地区广泛应用。

4. 马哈利（Mahaleb）

原产欧洲中部，18 世纪欧洲开始使用，是欧美各国最普遍应用的甜、酸樱桃的砧木，近年来在陕西、大连等地开始推广应用。根系发达，耐旱，但不耐涝，比较适合在轻壤土中栽培，在黏重土壤中生长不良。根系发达，固地性良好，抗风能力强，不易倒伏。抗寒力很强，在 $-30\,℃$ 低温下不受冻害，在 $-16\,℃$ 的土温中虽有冻害但不致冻死。适于 pH8.4 以下的微碱性和沙质土壤，不适于黏重土壤，其根系容易受蛴螬危害，种植时必须作好蛴螬的防治工作。

采用马哈利作樱桃砧木，可用种子播种繁殖，且出苗率高，砧苗生长旺盛，播种当年即可嫁接。与樱桃嫁接亲和力强。用马哈利作砧木的樱桃树结果早、产量高、果实大、抗逆性强、无根癌病发生。幼树期树体长势旺，结果后逐渐缓和，树势中等，半开张。萌生不定根的能力较差，不适合扦插和压条繁殖。20 年后常表现早衰。

5. 吉塞拉（Gisela）系列

由德国 Justus Liebig 大学选育出 25 个 Giessen 砧木，在中国称为吉塞拉系列，最有价值的砧木品种（系）为 Gisela 5、Gisela 6、Gisela 7、Gisela 9、Gisela 11、Gisela 12，是用原产我国的灰毛叶樱桃（*Prunus canescens*）作父本、欧洲酸樱桃（*Prunus cerasus*）作母本杂交育成的。对樱桃有明显矮化作用，比传统的马扎德砧木矮 20%～60%，现已在欧美国家广泛应用。

Gisela 系列砧木品种（系）共同的特点是：与欧洲樱桃品种嫁接亲和力强；对土壤适应性广，且非常适于黏重土壤栽培；这些砧木品种（系）对根癌病有较好的抗性。用这些砧木嫁接的樱桃品种在定植后第二年结果，第四至五年丰产，早结果，早丰产。

Gisela 系列在国外种植最广泛，我国已引进推广的主要为 Gisela 5 和 Gisela 6。

（1）吉塞拉 5 号（Gisela 5）　为欧洲酸樱桃（*P. cerasus*）×灰毛叶樱桃（*P. canescens*）的杂交后代，分枝角度较大，树形自然开张。是德国种植最多、最有名的 Gisela 砧木，在很贫瘠的土壤和自然降水少及不良栽培条件下，枝条生长量少，结果少，可能出现早衰。

（2）吉塞拉 6 号（Gisela 6）　三倍体杂种，亲本为欧洲酸樱桃（*P. cerasus*）×灰毛叶樱桃（*P. canescens*），半矮化砧。树体开张，圆头形，早果性好，二至三年生开始结果，丰产。适应各种类型土壤，在黏土地上生长良好。在很贫瘠的土壤和自然降水少及不良栽培条件下，枝条生长量少，结果少，可能出现早衰。目前主要分布在山东泰安、陕西部分地区。

（3）吉塞拉 12 号（Gisela 12）　三倍体杂种，亲本为灰毛叶樱桃（母本）×酸樱桃。树体大小为马扎德砧木的 70%。适应各类土壤，抗病毒，萌蘖少。侧根数量多。有利于增加固地性，增强树势，稳定丰产期产量。

6. ZY - 1

是中国农业科学院郑州果树研究所 1988 年从意大利引进的樱桃砧木，目前在河南、陕西、山西、甘肃等陇海铁路沿线樱桃产区广泛应用。树冠为灌木或小乔木，树姿半开张，树冠高 3～4 m，具有明显的矮化性状，嫁接樱桃品种树冠大小为马扎德标准树冠的 70%，属半矮化。半矮化砧，根系发达，生长健壮，对气候和土壤有较广泛的适应性，除极黏重的土壤之外在 pH8.4 以下都能健康生长，早果性较好。但该砧木的根被挖断时易长出根蘖苗，故应注意减少断根，成年树施基肥时可在两行树中间挖浅沟施后盖土，不宜挖树盘。ZY - 1 砧木主要采用组培进行繁殖。

7. 青肤樱（*C. serrulata*）

青肤樱又名青叶樱，是山樱的变种类型，原产于日本，为日本樱桃的主要砧木，我国大连等地曾用作樱桃砧木，目前生产中应用较少。树体为灌木或小乔木，树势强，种子萌发力强，生长快，也可用分株、压条、扦插等方法繁殖，一般用扦插法繁殖，青肤樱扦插成活率高。与樱桃嫁接亲和力强，嫁接苗木生长旺盛。因根系分布较浅，适于在土层肥沃的沙壤土中栽培，耐旱、耐寒性较差，遇大风易倒伏，易感根癌病、根腐病和紫纹羽病。

8. 优系大青叶

1997 年，山东烟台市农业科学院通过对大青叶砧木田间选优选出的优良抗性砧木，2012 年通过专家鉴定。叶片椭圆形，大而厚，浓绿色，叶背有茸毛；长势粗壮，较大青叶矮，分枝少；经多年试验观察发现，该砧木根系发达，固地性强；压条易繁殖，嫁接的樱桃树生长旺盛、亲和性好，采用带木质部"一刀削"芽接，苗木嫁接成活率达 80% 以上，一级苗出苗率 60% 以上；无"大、小脚病"，早实丰产，嫁接萨米脱、黑珍珠、早生凡等品种，第五年树体进入丰产期，园相整齐，综合性状优良，在抗涝性、抗根瘤病方面明显优于大青叶。

9. 烟樱 1 号

山东烟台市农业科学院选育的抗根瘤樱桃砧木新品系。从烟台大青叶根蘖苗中筛选出的抗根瘤砧木，主根和侧根均发达，多次室内和田间接种根瘤致病菌试验结果表明，烟樱 1 号对根瘤病抗性比大青叶强。2018 年获得农业部植物新品种权保护登记，品种权号：CNA20161260.1。

10. 烟樱 2 号

山东烟台市农业科学院选育的抗涝樱桃砧木新品系。从山樱花实生苗中筛选出的抗涝性强砧木，须根发达，叶片革质，通过多次田间耐涝性试验，烟樱 2 号耐涝性比山樱花强。田间测试表明该砧木耐重茬特性强，2018 年获得农业部植物新品种权保护登记，品种权号：CNA20161261.0。

11. 烟樱 3 号

山东烟台市农业科学院选育大青叶新品种。该品种树势强，根系分布较深，埋土容易形成二层根系。经过多年多地试验试栽，烟樱 3 号砧木根系发达，固地性强，通过压条易繁殖，嫁接樱桃亲和性好、无"大、小脚病"，园相整齐，综合性状优良，在抗涝性、根瘤病方面明显优于大青叶。品种审定号：鲁 S－SST－PPS－026－2016。

12. 戴米尔（Damil）

比利时 Gemlloux 研究所选育的矮化砧木，2001 年山东烟台市果树研究所从比利时引入，通过嫁接试验和多年试栽观察：与樱桃品种亲和力强，嫁接美早、红灯、萨米脱等品种成活率达90％以上，矮化程度较好，与大青叶相比，矮化效果为70％～75％，根蘖很少；早实、丰产，一般嫁接美早、红灯等品种，3年见果、5年丰产。通过盆栽抗性试验，表现出较好的抗旱、抗涝性。目前，正在烟台地区进行扩大试栽。

13. 凯米尔（Camil）

比利时 Gemlloux 研究所从灰叶毛樱桃（*Prunus canescens*）自然杂交实生苗中选出，2001 年山东烟台市果树研究所从比利时引入，通过嫁接试验和多年试栽观察：该砧木固地性好，与大多数品种嫁接亲和力强，矮化程度为中国樱桃的50％～60％。早实、丰产，适宜在土壤肥沃的地块建园。

14. CDR－1

西北农林科技大学选育，属于马哈利樱桃种（*Prunus mahaleb*），为自然杂交种实生苗，1995 年选出优系，2006 年通过陕西省林木品种审定委员会审定。通过区域试验，该砧木矮化效果较好，与中国樱桃相比，矮化效果达到70％，单位面积收益增加25％～35％；与樱桃的嫁接亲和力好，成活率在98％以上；早果、丰产，嫁接樱桃品种3年结果、5年丰产；在抗根癌和抗盐碱试验中表现出高抗逆性，适应性强，目前已推广到陕西、甘肃、青海、新疆、宁夏、山西、河南、河北、山东及辽宁等地区。

15. CDR－2

西北农林科技大学选育，为马哈利樱桃种（*Prunus mahaleb*）与草原樱桃（*Prunus fruticosa*）的杂交种，1995 年选出优系，1999—2001 年进行嫁接试验，2001—2004 年进行区域试验。在抗根癌和抗盐碱试验中表现出高抗逆性，适宜生长的土壤为沙壤土，土壤 pH 范围 6.5～7.5。目前已推广到陕西、甘肃等地区，表现良好：与樱桃的嫁接亲和力高，矮化效果好，与中国樱桃相比，矮化效果达到 50％；早实、丰产，3 年可结果，5 年丰产，盛果期每 667 m² 产量达 1 200 kg。2011 年通过专家验收，应用前景广阔。

16. 海樱 1 号

北京市海淀区植物组织培养技术实验室和海淀区农村工作委员会选育，从中国櫻桃半野生种北京对樱实生群体中选出，2012 年通过北京市林木品种审定委员会审定。海樱 1 号抗根癌病能力强，较耐寒、耐旱、耐瘠薄、耐盐碱，适应能力强。与櫻桃主要栽培品种嫁接亲和性好，对红灯、红艳、红蜜、晚红珠、美早、布拉、早大果等樱桃品种的主要果实性状无不良影响。

17. 兰丁 1 号

北京市农林科学院林业果树研究所选育的抗根瘤砧木，亲本为櫻桃×中国櫻桃。目前已在北京、辽宁大连、山东烟台等地进行推广，表现出良好的抗根瘤、抗褐斑病、抗盐碱能力，扦插繁殖容易，和櫻桃嫁接亲和力好，嫁接口愈合平滑、坚固，嫁接树根深发达，固地性好，树体健壮，早果性好，产量高，品质优。耐瘠薄。适合山区、丘陵区和土壤瘠薄地区栽培具有良好的推广应用前景。

18. 兰丁 2 号

北京市农林科学院林业果树研究所推出，亲本为櫻桃×中国櫻桃，与兰丁 1 号同属兰丁系列。通过嫁接试验，嫁接亲和性好，具明显的早果、丰产特性。抗根瘤，可以在较贫瘠的土壤和重茬地种植，具有广泛的适应性。已在北京、大连、烟台、泰安、郑州等地进行区域试验，综合性状优良：具有良好的抗根瘤、抗褐斑病、抗盐碱能力，扦插繁殖容易，嫁接树根深发达，树体健壮，早果性好，产量高，品质优。具有良好的推广应用前景。

19. Y_1

山东省果树研究所推出，以吉塞拉 6 号（三倍体）为母本与樱桃主栽品种红灯（二倍体）远缘杂交，从中选育出 Y_1 四倍体新砧木，2009 年通过山东省审定。Y_1 生长势强，生长速度快，以 Y_1 为砧木嫁接红灯、早大果、美早和萨米脱等现有主栽品种基本无"小脚"现象，亲和性能好。Y_1 对常见的樱桃细菌性、真菌性和病毒病害均有良好的抗性。

四、产地环境与园地选择规划

(一) 产地环境

樱桃建园应选择在生态条件良好、远离污染源、具有可持续生产能力的农业生产区域,符合农产品安全质量无公害水果产地环境要求(GB/T 18407.2—2001)。

建园之前,必须对果园及附近的大气、土壤和灌溉水进行严格检测,有毒有害物质含量不得超过国家规定标准。果园空气质量要符合 GB 3095—1996 中的二级标准,土壤环境质量要符合 GB 15618—2018 中的二级标准,果园灌溉用水的水质要符合 GB 5084—2005 中的规定。另外,有机樱桃对光照、温度等还有一定的要求。

1. 光照

樱桃是强喜光性的果树。樱桃在年日照时数 2 600~2 800 h、太阳总辐射量 470.96 kJ/cm^2、日照百分率 57%~64% 的条件下生长良好。樱桃在光照充足的条件下,树体生长健壮,结果枝寿命长,树冠内膛光秃的进程较慢,花芽发育充实,坐果率高,果实成熟早,着色度好,含糖量高,品质好。相反,如果树冠密闭、光照不足,则树冠内膛容易光秃,结果枝寿命短,结果部位外移,花芽发育不良,坐果率低,着色差,硬度变小,可溶性固形物含量降低,品质差,成熟晚。若光照过强、温度高,则会引起樱桃生长发育不良,出现双子果现象。

2. 温度

樱桃理想的露地栽培区的年平均气温为 10～15 ℃，一年中日平均温度高于 10 ℃ 的天数为 150～200 d。樱桃冻害的临界低温是 −20 ℃，在 −20 ℃ 时会发生大枝冻裂而流胶，−25 ℃ 时发生大量死树。樱桃发芽期适宜的温度为 10 ℃，开花期适宜温度为 15～23 ℃，果实发育到成熟期适宜温度为 20～25 ℃。

3. 水分

樱桃是一种喜水且不耐水淹的果树。樱桃根系分布比较浅，抗旱能力差，但其叶片大，蒸腾作用强，故需要较多的水分供应，故有"樱桃不离水"的俗语。樱桃适于年降水量 600～800 mm 的地区生长。樱桃的根系要求良好的通透条件。如果发生果园积水，土壤里的含氧量减少，就会导致根系窒息而出现烂根、流胶，甚至引起整树死亡。因此，樱桃园要建在排水良好的地方，必要时起垄栽培，以便随时排除园内的积水。

4. 土壤

选择土壤深厚、肥沃、通透性好的土地，以壤土和沙壤土为好。选择中性土壤，樱桃适宜的 pH 范围为 6.0～7.5，过酸过碱都将造成樱桃生长不良。樱桃怕晚霜、怕积水，因此，在发展樱桃时要选择地势较高、通风、排水良好的地方。樱桃属浅根树种，在雨季，大风容易吹伏树体，建园时要避开强风口区。要有良好的水源，配备必要的灌溉设施。

5. 风

对樱桃栽培影响很大，严冬大风易造成枝条抽干，花芽受冻；花期大风易吹干花柱头黏液，影响昆虫授粉；秋季台风会造成樱桃折枝倒伏，严重影响树体养分的贮藏。

（二）园地选择与规划

1. 土壤条件

园地不是盐碱地，总盐量<0.1%，氯离子<0.02%，当土壤氯离子在0.02%～0.03%时，树体生长就受抑制。樱桃最适宜的土壤pH为6.2～6.8，但高pH的土壤易发生缺铁引起的叶片黄化症状，低pH的土壤易发生缺镁引起的叶片黄化症状。

园地周边要有灌溉用水或能打深机水井，有良好的排水沟。地下水位要求在1.5 m以下；活土层要求达40 cm以上，不足的，需深翻改造；土壤有机质含量在1.2%以上，不足的，需在建园前改造或通过后期管理提升。

2. 园区规划

为了充分发挥园区的综合效能，要从现代化管理的角度来进行科学规划，露地樱桃园规划主要包括种植区规划、分级保鲜区规划、道路规划、排灌系统规划等。设施栽培樱桃园规划主要包括设施大棚、道路规划、排灌系统规划等，大型的采摘园区规划还需要考虑临时停车场地等条件。

（1）种植小区规划 地势平坦、土壤差异较小的平地建园，每小区6 670～13 340 m²；小区多采用长方形，南北行向。地形复杂、土壤差异较大的丘陵地建园，每小区3 335～6 670 m²，或数道梯田为一个小区，山坡地的边长要与等高线平行，便于耕作和水土保持。

（2）道路规划

① 主路。大面积果园设4～6 m宽的主路，用以连接各干路和果品分级、包装、贮藏加工等场所。

② 干路。位于各个小区之间，2～4 m宽，供常用车辆、农机具通行。

③ 支路。一般1～1.5 m宽，设于小区内，供田间作业使用。

（3）排灌系统规划　以灌水方便、排水畅通，节水、省地，利于水土保持，减少施工量为规划原则。灌溉系统：安排好水源和动力（电）源，根据条件选择不同灌溉方式——沟灌、畦灌、滴灌或喷灌。排水系统：挖好行间排水沟和园区四周排水沟，设施大棚前底脚处挖排水沟，山地丘陵果园在园区上方挖截水沟，在排水沟末端修蓄水库。

（4）防护林规划　主防护林带要与主要害风方向垂直，每隔 200 m 设置一条，乔木 4～6 行，灌木 2～4 行，与主林带垂直方向，每隔 300～400 m 设一条副林带，乔木 2～4 行，灌木 2 行；山地樱桃园防护林要留缺口以防止冷空气积聚；防护林带与第一行果树相距 10 m 以上。

（5）建筑物规划　果园建筑物包括办公室、冷藏室、农机房、包装场、药池等，设在交通方便地段或果园的中心。

（6）规划占地面积比例　樱桃种植面积占地＞85%，道路占地＜5%，排灌系统占地＜4%，防护林占地 4%，果园建筑占地＜1%，其他设施占地＜1%。

3. 注意事项

避免土质黏重或过沙的土壤；不选易受霜冻害的地形如河床、坝地、谷底；不选风大的山脊。

五、高标准栽植建园

（一）土地平整与改良

优质樱桃生产需要透气性好、有机质含量高的土壤作前提，特别瘠薄的土壤容易引发流胶病。因此，对于活土层达不到40 cm以上深度的，要通过全园深翻改造，改造时严禁仅挖和改造栽植沟，以防内涝。对于有机质含量低的土壤，每667 m² 撒施发酵的奶牛粪4 000 kg或生物鸡粪2 000 kg以上；酸性土壤，每667 m² 加施硅钙镁肥或硅钙钾镁肥800～1 000 kg，全园深翻耙平。

土壤改良后，按照事先拟定的栽植行距，对土壤进行修整。丘陵坡地，整成中间高、行间低的大垄，高度30～40 cm。平原地区，为防涝害，挖排水沟，整成台田。排水沟上部宽70 cm左右，下部宽50 cm，沟深50 cm。在年降水量特别少的干旱地区（新疆、青海），可将栽植带整成稍凹一点，有利于蓄储雨水。

（二）品种配置

1. 砧木选择

目前，生产上常用的砧木品种主要有以下几种：①乔化砧，包括大青叶、马哈利、考特、山樱桃、兰丁2号；②矮化砧，包括吉塞拉5号、吉塞拉6号、ZY－1、CDR－1。建园前需了解砧木资源的特征特性，选择适合当地自然条件、高产、优质的砧木品种。

2. 栽培品种选择

应选择可达到栽培目的、与当地自然条件相适应的品种，雨水丰沛的地区选择抗裂果能力强的品种。

① 生产园。主栽品种不宜过多，主要选择果个大、品质优的品种。目前生产上栽培产量和效益表现较好的品种有福晨、福星、美早、萨米脱、布鲁克斯、黑珍珠、冰糖樱等，授粉品种有桑提娜、拉宾斯、斯太拉等。

② 观光采摘园。早中晚熟品种搭配比例均等，尽可能延长采摘时间，选择挂果时间长的品种，还需要考虑不同品种的颜色等搭配。

3. 授粉品种配置

除自花授粉品种外，樱桃园至少要栽培 3 个品种，大面积平地果园栽培品种要 5 个以上，以保证品种间相互授粉。若栽 3 个品种，主栽品种与其他品种的比例为 4∶3∶3。

授粉品种除开花物候期与主栽品种相近外，其品种的基因型也要不同。各品种的基因型见表 5-1。

表 5-1　不同品种的基因型

基因型	品　　种
S_1S_2	萨米脱、巨晚红、巨早红、早丰王、砂蜜豆
S_1S_3	先锋、斯帕克里、雷吉娜、福星、Cristalina、Index
S_1S_4	甜心、黑珍珠、桑提娜、雷尼、长把红、拉宾斯、早生凡、萨姆、斯基娜、西尔维娅
S_1S_5	Annabella、Valera
S_1S_6	红清、Mermat
S_1S_9	早大果、奇好、友谊、瓦列里、福晨、布鲁克斯
S_2S_3	维佳、马什哈德、林达（Linda）、Rubin、Sue、维克托（Victor）
S_2S_4	维克、Merchant

（续）

基因型	品　　种
S_2S_5	Vista
S_2S_7	早紫
S_3S_4	宾库、那翁、兰伯特、Ulstar、Yellow Spanish、Star、法兰西皇帝、安吉拉（Angela）、Kristin、Somerset、Sandra rose、Sonata、Skeena、抉择、斯太拉、红丰、艳阳、斯塔克艳红
S_3S_5	海蒂芬根（Hedelfingen）
S_3S_6	黄玉、柯迪亚（Kordia）、南阳（Nanyo）、佐藤锦、红蜜、早露、宇宙、养老
S_3S_9	红灯、布莱特、莫莉、意大利早红、莱州脆、莱州早红、美早、早红宝石、抉择、红艳、伯兰特、岱红、吉美
S_3S_{12}	Princess、施奈德斯（Schneiders）
S_3S_{13}	Wellington A
S_4S_6	佳红、Merton Glory
S_4S_9	龙冠、巨红、早红珠（8-129）、友谊、长把红
S_5S_{13}	卡塔林（Katalin）、马格特（Margit）、斯克奈特（Schmidt）
S_6S_9	晚红珠

（三）苗木定植

1. 栽植技术

（1）**北方春季栽植**　春季土壤解冻后立即栽植，栽时挖小穴，不施肥，栽植深度比苗木圃内深度略深 3 cm 左右。栽后灌水，扶直苗木，地面覆盖黑色地膜，提温保墒。

（2）**南方秋冬栽植**　11 月中旬苗木落叶后栽植，在土壤封冻前，于苗木周围培一小土堆，待翌年春季土壤化冻后，再将土堆扒开，覆膜保墒。

注意事项：①苗木栽植不要过深，否则，根际处土壤氧气较少，影响根系呼吸，从而影响苗木生长。②以大青叶作砧木的，对于嫁接部位较高的苗木，栽植时可采取"深栽浅埋"的方式，预防"小脚病"。即适当深栽，使嫁接部位紧靠地面，埋土时，要浅埋，略高于苗木圃内深度 3 cm 左右，形成一个小凹窝。以后随着每次锄地保墒，逐步埋土，待到 7 月雨季来临之前，埋土与地面齐平。深栽浅埋不仅能形成二层根系、预防"小脚病"发生，而且能避免栽植过深导致苗木生长不旺的现象。③春栽时，不能栽植过晚，否则由于新根晚于新梢萌发，水分、养分输送脱节，造成苗木萌芽抽梢后，又萎蔫死亡。④对于当年生苗木，因枝条不充实，不耐冻，易"抽干"，要春季栽植。⑤平原地区，采取台田栽培的，苗木栽植后，株与株之间修筑一个小垄，称"高畦起垄"栽植。浇水时，避免水与苗干接触，以防根颈腐烂病发生。⑥苗木栽植时，栽植穴（坑）内不施肥，以防肥料烧根，引起苗木死亡。

2. 支架设置

樱桃根系浅，固地性差，有大风的地域需要支架栽培。使用 3 m 高的水泥柱，下埋 50 cm。每隔 8 m 设立一根水泥柱，上面拉 4 道钢丝，最低一道距地面 30～40 cm。钢丝除用于固定幼树中心领导干外，主要用于侧生枝的开角，因此最底部一道钢丝不易太高。

3. 栽后当年管理

针对北方产区的气候特点及樱桃的生长特性，苗木栽植后第一年的工作主要是浇水，而不是施肥；把节省的成本用于浇水。全年浇水 11～12 次，其中，6 月底以前浇水 7～8 次，确保苗木成活及苗壮苗旺。7～8 月排水；9～10 月秋旱浇水；土壤封冻前浇一次透水，确保樱桃安全越冬。

六、良种苗木培育

（一）砧木培育

1. 实生播种繁育技术

实生播种法繁殖砧木苗的优点是成本低、繁殖数量大、根系发育强旺，缺点是砧木苗生长不整齐、与樱桃品种的嫁接亲和性差异较大。目前，在生产中应用该项技术的主要品种为马哈利。

（1）采集种子　在 6 月中下旬果实充分成熟时采集，不能早采，以免种胚发育不良，造成发芽率低、苗木细弱。果实采收后，搓净果核上的果肉，用清水反复清洗，防止种子贮藏期间发霉。

（2）沙藏处理　由于樱桃果实发育期短，种胚发育不充实，干燥后种子容易失去生命力。因此，马哈利种子在采收后，去皮，洗净，放置在通风处阴干，在 4 ℃冷库中贮藏至 10 月下旬，进行沙藏处理，让其在适宜的温度和湿度条件下自然休眠。

选择背阴、干燥处挖贮藏沟，长度根据种子数量而定，深度和宽度分别为 50 cm 和 80 cm。先在沟底铺层 5～10 cm 厚的沙子，将种子和沙子按 1∶3 的比例混合均匀后，使其湿度达到手捏成团、手松一触即散的程度。将混合好的沙藏种子直接均匀地撒入沙藏坑内，沙藏种子量大时，种子中间每隔 1 m 左右要立 1 个秸秆把，以利于通气，最后上边盖 10～15 cm 的细沙。

（3）苗圃准备　选择背风向阳、土质肥沃、不重茬、不积涝、排水良好且又有水浇条件的中性壤土或沙壤土，每 667 m² 撒施 5 kg 辛硫磷，以杀灭地下害虫。

(4) 适期播种 将种子一直沙藏到翌年 2 月，西北农林科技大学蔡宇良教授采用种子变温处理技术极显著地提高种子发芽率，其具体操作为：当沙藏处理温度达到 4 ℃时，每 7 d 温度升高 1 ℃，待达到一定积温，地温在 8～10 ℃时种子即可萌发，一直到沙藏处理温度升至 20 ℃时种子停止萌芽。可将未发芽的种子继续沙藏，第三年春季仍有约 20%的萌芽率。

马哈利砧木采用宽窄行播种法，即窄行 0.2 m、宽行 1.4 m。先浇水，采用落水点播方式均匀播于床内，株距 0.1 m，播好后覆 2～3 cm 细土，盖上地膜。每 667 m² 播种量 5 kg，出苗数量 8 337 株。

(5) 苗期管理 马哈利砧苗田间管理需抓关键时期，播种后适时灌水、追肥、防虫，当年秋季径粗可达 0.5～1.2 cm，在山东烟台地区一般于 9 月上中旬嫁接，一般采用带木质露芽嫁接为好。第二年早春后及时平茬。

2. 压条繁育技术

压条仍是当前苗木生产中采用的较普遍的一项技术，其优点是容易成活、成苗快、操作简便，缺点是苗木的机体得不到彻底更新、长势不旺、产苗量较少，在大量生产苗木时不宜采用。

(1) 圃地选择与整理 选择排灌良好、土层深厚的壤土或沙壤土。圃地要避开风口，以防刮大风时，苗木在嫁接口处劈折。在土壤封冻前，每 667 m² 地面撒施腐熟的鸡粪 1 500～3 000 kg，外加 50 kg 磷酸氢二铵，深耕、耙平。

(2) 压条繁育 用于压条的樱桃砧木苗应选择根系完整发达、根颈粗 0.6～1.0 cm、有 2～3 个粗 0.4 cm 以上根系的壮苗。细弱苗木压条繁育的苗比较细弱，夏秋季达不到嫁接要求；苗木太粗，由于其中下部的芽体不饱满或已长出分枝，繁殖系数低，压条后出苗少。生产中常采用单行压条和双行压条两种方法。

① 单行压条。

A. 开沟。以行距 60～70 cm 两边翻泥开沟，沟深 15 cm 左右。

B. 栽植。早春土壤化冻后栽植，栽前先将砧木苗梢端 1/4 的部分剪掉，然后将砧苗斜栽于沟内，呈 30°角，栽植距离以使两棵砧苗压倒后能头尾相接为宜，栽后浇水。每 667 m² 土地栽 2 000 株左右。

② 双行压条。畦距 110 cm，挖 15 cm 左右深、30～35 cm 宽的水平沟，沟内斜栽 2 行砧苗，约 30° 斜角。使每行的砧苗压倒后头尾相接，第二行的第一棵栽在第一行第一棵苗长度的中部，使砧苗的栽植穴错开排列。栽后立即浇水。

3. 硬枝扦插繁育技术

（1）插条选择与催生愈伤组织 于 12 月至翌年 1 月，选择当年生健壮、充实、粗度在 0.3～1 cm 的枝条，将插条剪成长 15 cm 左右的枝段，上端剪口在芽上 1.0 cm 处平剪，下端剪口剪成马耳形。然后按枝条的粗细、长短分级，每 50 根一捆，并使下端剪口在同一平面上。选择背风向阳的地段挖贮藏池，深度 50～60 cm，宽度 50 cm，长度依据插条数量而定，在池底部铺 10 cm 厚的干净河沙。采用倒插催根法处理插条，在插条上部覆盖 10 cm 厚度的河沙，然后使用周边土壤填埋起来，略高于周围地面即可，也可用草帘或柴草覆盖。

（2）扦插

① 扦插棚设计。

A. 大棚设计。可选用不加温日光温室或半地下式日光温室，不仅操作方便，而且保温效果较好，但一次建成投资较高。

B. 小拱棚设计。小拱棚既保墒又保温，能明显延长苗木生长期，缩短育苗周期。做小拱棚之前，清除苗圃地杂物、草根等，耙平地面，使床面与地面呈一水平面，床宽 80 cm，拱棚间距为 40 cm，用竹竿作小拱棚支架，拱棚中心高 50 cm。

C. 露地扣小拱棚设计。将扦插床面的杂草、杂物、石子收拾干净，然后将地整成宽 1.2 m、长 10 m 的小畦，畦间距为 40 cm。扦插完成后盖上塑料薄膜。

D. 地膜覆盖。铺地膜育苗能提高土壤的温度和湿度、增加光照、改善苗木生长的条件。用厚 0.004 mm 的聚乙烯地膜进行铺设，铺膜时应做到平展无皱、紧贴地面、封严压实。

② 扦插时间。大青叶硬枝扦插宜在春季土壤解冻后至 3 月 10 日前进行，不能太迟，越迟成活率越低；也不能太早，扦插过早，土壤温度低，对生根不利，并且延长了管理时间。

③ 生根剂的选择、浓度和处理方法。生根剂可选择 ABT1 号和 IBA（吲哚丁酸），浓度为 200 mg/L，可采用基部浸泡法和基部泥浆包裹法。基部浸泡法：就是把插条基部 2～3 cm 浸泡在配制好的生根剂中，浸泡 1～2 h；基部泥浆包裹法：是指在配制好的生根剂中按 1 000 mg/L 的浓度加入甲基硫菌灵，再加入泥土制成泥浆，把插条基部 2～3 cm 蘸上泥浆，让生根剂长时间作用于生根部位，促进插条生根。

④ 扦插。为提高工作效率，近几年不少育苗单位采用模板打孔器，即用一块较为平整的木板或铁板，在其上按一定的株行距（一般为株距 10 cm，行距 20 cm）固定安装长度 8～10 cm、直径 8～10 mm 的钢筋，根据模板打孔器的长度确定畦面宽。先浇透畦面，间隔 2 d 后再打孔。打孔后接着将经过催根的砧木插条垂直插入孔中，插完后及时浇水。丁米田等（2013）采用温室大棚或大棚套小拱棚进行硬枝扦插，成活率分别达 85.8% 和 90.7%，经培育秋季砧苗高度均可达 170 cm、地径 1 cm 以上。张继东采用露地扦插法，经过 2 个月的生长，大多数插条有 4 条以上白色粗壮的根长出。

（3）插后管理 在插条生根和生长过程中，加强田间管理是提高成活率和培育优质健壮苗的关键。

① 灌溉排水。合理的灌溉是促进生根和培育壮苗的重要措施，应根据苗木生长的不同时期，合理地确定灌溉时间和数量。在愈伤组织形成和生根期，床面要经常保持湿润，灌溉应少量多次；长出新根后，插条进入旺盛生长期，灌溉量要多，次数要少，每 5～6 d 灌溉 1 次，每次要浇透浇足。灌溉时间宜在早晚进行，秋季多雨时

要及时排水。

② 松土除草。松土除草是苗木田间管理工作的一项重要措施。苗圃地杂草生长快、繁殖力强，与扦插苗争夺水分养分，有些杂草还是病虫的媒介和寄生场所，因此，苗圃地应及时除草和中耕。除草应掌握"除早、除小、除了"的原则，除草最好在雨后或灌溉后进行，这样既省工又可达到保墒的目的。苗木进入生长盛期应进行松土，初期宜浅，后期稍深，以不伤苗木根系为准。苗木硬化期，为促进苗木木质化，应停止松土除草。

③ 追肥。扦插苗施肥应以基肥为主，但其营养不一定能满足苗木生长的需要，为使苗木速生粗壮，在生长旺盛期应施化肥加以补充。根生出后施氮肥，速生期多施氮肥、钾肥或几种肥料配合施用，生长后期应停施氮肥，多施钾肥，追肥应以速效性肥料（如尿素、磷酸二氢钾、过磷酸钙）为主，少量多次。

④ 病虫害防治。在扦插苗病虫害防治工作中，应从土壤翻耕、消毒、合理施肥和日常管理等方面入手，预防病虫害的发生。6～7 月可用 2.5% 氯氰菊酯乳油 2 000 倍液防治梨小食心虫，7～8 月喷 1～2 次 65% 代森锌可湿性粉剂 500 倍液，预防细菌性穿孔病，防止早期落叶。

4. 绿枝扦插繁育技术

绿枝扦插是目前樱桃砧木苗生产中应用最广泛的繁殖方法，因绿枝中生长素含量高、组织幼嫩、分生组织活跃，顶芽和叶有合成生长素与生根素的作用，可促进生成愈伤组织和生根，容易成活。据编者调查，目前在山东临朐、泰安、烟台地区每年采用绿枝扦插技术繁育的砧木苗数量在 400 万～500 万株。

（1）插床准备 在地势平坦、背风向阳的地点建高 20～25 cm、宽 1.2 m 的苗畦，长度视插条数量而定，可选取蛭石＋珍珠岩（1∶1）、新鲜河沙或河沙＋珍珠岩作为扦插基质。建议每批次扦插前做好基质消毒处理工作或采用新鲜未使用过的基质。上部搭遮阳网，有条件的可安装自动喷灌设施。苗畦建好后，用 50%

多菌灵的 800~1 000 倍液进行全面消毒。

(2) 插条与基质的选取 考特嫩枝扦插应选择 5~9 月进行比较适宜，一般在清晨或无风的阴天，选择生长健壮的考特砧母树，采集当年生半木质化的粗壮枝条（若过嫩，插后容易萎蔫），在阴凉处剪截成长 10~15 cm、有 2~4 个节间的枝段作插穗。为防止水分蒸发过多，可将每片叶子剪去 1/2。插穗剪好后按粗细分级，50~100 根捆成 1 捆，使用 250 mg/kg NAA 速蘸 5 s 处理，在早晨或傍晚进行扦插，密度为 5 cm×10 cm。扦插深度为 2~3 cm 为宜，扦插过浅，喷水插条容易倒伏；扦插过深，插条下端易腐烂，且初始生根时间明显延后。

(3) 插后管理 扦插设备是全自动定时喷雾机，由自控仪控制电机的开启、喷雾间隔时间和喷水量。

扦插后，根据天气及叶片水分情况调节喷水时间，喷水间隔时间以叶面水分蒸发干而叶片不失水、无萎蔫现象发生为宜。一般下午 6 时至翌日上午 9 时间隔时间稍长，为 40~60 min/次，每次喷水 60 s；上午 9 时至下午 6 时，为 10~20 min/次，每次喷水 80~120 s。为控制病虫害的发生，每隔 5 d 喷 50%代森锰锌 700 倍液 1 次。扦插 20 d 后开始产生愈伤组织，25 d 后即生根。当根系长到 1.5~2 cm 时，逐渐减少喷水次数，进行适应性炼苗，以 0.5%尿素＋0.1%磷酸二氢钾或市售优质叶面肥补充营养，7 d 喷 1 次。炼苗 15 d 后新萌发的新梢叶片转浓绿色时可移栽，一般从扦插到移栽需 40~45 d。

(4) 移栽 当根系长到 6 cm 左右时，在阴天或下午移栽。用铁锹起苗，开深 10 cm 的栽植沟，株距 10 cm，行距 30 cm，每畦 3 行。栽上苗后扶正踩实，浇透水，上搭遮阳网，中午喷水 3~4 次，20 d 后撤去遮阳网。

新栽的幼苗抗病力弱，每隔 15 d 喷 1 次 70%多·锰锌 1 000 倍液，以防病害发生，喷 0.5%尿素加 0.1%磷酸二氢钾或优质叶面肥，使苗木生长健壮。7 月上旬前移栽的苗当年秋季即可嫁接，7 月中旬以后移栽的苗可第二年嫁接。

5. 组培繁育技术

近年来，组培苗工厂化生产已作为一种新兴技术和生产手段，在苗木繁育的生产领域得到广泛应用。组培苗的生产，不仅解决了优质苗木供不应求的局面，还有效减少病害传播，扩大产品的流通渠道，同时减少了气候条件对幼苗繁殖的影响，缓和了淡、旺季供需矛盾。目前生产中应用组培技术繁育最多的是吉塞拉系列苗木，下面就以吉塞拉系列砧木为例介绍。

利用组织培养繁育吉塞拉苗木较扦插、压条繁殖具有繁育速度快、效率高、苗木整齐一致、带毒少、长势旺等优点。传统的组培快繁方法均在春季（3～6月）进行，繁育成活率基本达 90%～95%。但是，只有实现周年工厂化生产，才能有效利用人力、物力，真正发挥组培优势，实现工厂化育苗。制约工厂化生产的技术难点在于每年夏季的高温、冬季的低温以及秋季幼苗的休眠问题。

（1）茎尖的诱导和增殖

① 培养基的制备。以 MS 培养基为基本培养基，添加一定浓度的 BA 和 IBA 进行茎尖的诱导、继代增殖以及增殖幼苗的生根，蔗糖浓度为 30 g/L，琼脂浓度为 5.8 g/L，pH5.8。为方便配制，先配制 4 种母液及常用激素贮备液（表 6-1）。MS 培养基的配制：每 1 L MS 中含母液 I 50 mL、母液 II 5 mL、母液 III 10 mL、母液 IV 5 mL。

② 无菌外植体的获得。于春季萌芽前，采剪一年生休眠枝上的腋芽为外植体，用洗衣粉溶液洗净表面，再用自来水冲洗30 min。在超净工作台上，去掉外层包叶，露出芽体。用 75% 乙醇浸泡 3～5 min 进行表面灭菌处理，然后放入 0.1% 的升汞溶液中充分浸泡杀菌 6～10 min，再用无菌水冲洗 3～5 次。最后在解剖镜下去掉所有芽的鳞片，截取 5 mm 左右的茎尖，放入 0.05%～0.1% 升汞溶液中杀菌 2～4 min，再用无菌水冲洗 3～5 次，剥掉幼叶。

③ 丛生芽的诱导。在无菌条件下用剪刀切取 1～2 mm 芽尖，放入丛生芽诱导培养基（1/2MS＋6-BA1 mg/L＋IBA0.1 mg/L＋

蔗糖 30 g/L＋琼脂 5.8 g/L，pH5.8）上。培养室温度为 25 ℃，光照强度 1 500～2 000 lx，每天光照 16 h。约 1 周以后开始萌发，外观表现为明显膨大并有一定程度的伸长，基部有少量愈伤组织产生。20 d 左右叶片开始展开，30 d 茎尖已生长到 1 cm 左右，比较健壮，但由于顶端优势较强，腋芽原基发育较慢。

表 6-1　　　植物组织培养常用 4 种母液组分及贮备液浓度

母　液	组　分	含量（g/L）
母液 I	硝酸铵	33
	硝酸钾	38
	七水硫酸镁	7.4
	磷酸二氢钾	3.4
	二水氯化钙	8.8
母液 II	碘化钾	0.166
	硼酸	1.24
	四水硫酸锰	4.46
	二水钼酸钠	0.05
	五水硫酸铜	0.005
	六水氯化钴	0.005
母液 III	七水硫酸锌	1.72
	乙二胺四乙酸铁钠盐（三水）	2
母液 IV	甘氨酸	0.4
	维生素 B_1	0.02
	维生素 B_6	0.1
	烟酸	0.1
	肌醇	20
	6-BA 贮备液	100 mg/kg
	IBA 贮备液	100 mg/kg

④ 继代增殖培养。将上述得到的丛生芽切割后，转入继代增

殖培养基中（MS+6-BA0.5 mg/L+IBA0.08 mg/L+蔗糖 30 g/L+琼脂 5.8 g/L，pH5.8），1 周后腋芽发育加快，30 d 左右时可形成多个丛生芽（一般可达 5～6 个），此时可从中选取壮苗（高度1 cm以上，健壮，茎秆开始木质化，阳面颜色棕红）进行生根培养。其余可进行继代培养（茎段剪成 0.5～1 cm，接种），一般30 d 左右可继代培养一次，增殖率为 3～4 倍，可以满足快速繁殖的需要。

（2）增殖幼苗诱导生根　适于吉塞拉砧木幼苗生根的培养基：1/2MS+IBA0.68 mg/L+蔗糖 25 g/L+琼脂 5.8 g/L，pH5.8，其生根率和平均根长分别为 90％和 2.5 cm。

（3）试管苗的温室炼苗　实现组培苗的周年化生产，关键是具备功能完备的炼苗温室，为组培苗炼苗创造最适宜环境条件。炼苗温室除需具备弥雾、遮阳、通风、加温等设施外，还必须具备良好的保温能力（如加厚的后坡、后墙和保温被，塑料薄膜双层覆盖等），保证炼苗温室具有比用于果树和蔬菜保护地栽培的普通日光温室更强的环境调控能力。

① 白根出苗。组培室出苗到驯化棚的时机非常重要，直接影响到驯化成活率及后期生长速度。出苗时机主要看根系生长情况，待根长至 1.5～2 cm、颜色白嫩、光亮时出苗最适宜，此时出苗成活率最高，过早根系太弱小，过晚根系颜色变深老化，均降低出苗成活率。将生根瓶苗移至驯化棚，逐渐加大光照强度，摆放 1 周左右，瓶中组培苗长高至 3～5 cm，叶片颜色变成深绿、叶片变厚、小苗茎秆颜色变为红褐色时，剔除污染苗瓶，对于无污染的组培苗打开瓶口，在培养室内锻炼 2～4 d。打开瓶口时应由小到大，直到完全打开，时间为早晨温度未上升之前或下午温度降低之后。

② 组培苗移盘。轻轻将培养瓶中的组培苗倒出，先用清水洗净根部黏附的培养基，再整株放入 100 mg/kg 的多菌灵溶液中杀菌。洗苗时清水的水温保持与培养瓶中培养基温度基本相当，洗苗时轻捏组培苗近根部茎秆，将叶片部分包于手中，轻轻在水中晃动，洗净根部残留培养基，注意培养基一定要涮洗干净，否则会导致烂根。将多菌灵浸过的幼苗按大小分为两类，栽入装满培养土的

穴盘中。完成整盘后将盘中粘连在一起的叶片分开，将穴盘摆放于配备弥雾设施的炼苗温室中，立即开启弥雾设施，喷至盘中培养土含水量为60%～70%为宜。由于组培幼苗根系极为幼嫩、极易断伤，所以出苗、清洗、杀菌及装盘过程中都应十分小心，避免损伤幼根。

③ 炼苗基质。研究发现，细沙∶蛭石为6∶4的，组培苗移栽成活率最高可达85.1%。

(4) 炼苗期间的环境调控 驯化期间的温度调控最为关键，组培苗整个驯化期白天的最适温度为25～28 ℃，高于或低于此温度范围都对幼苗生长不利；当温度高于30 ℃时，应立即开启湿帘风机或空调降温。此外，驯化期间的夜间温度对苗木的成活和生长也很关键，夜温以15～20 ℃为宜，夜间当温度低于15 ℃时，要立即采取升温措施。总之，组培苗驯化期间的温度管理，一是要严控白天的高温，二是要避免夜间的低温，温度控制除应用降温及增温设施外，还应与水分、通风配合进行。

① 水分管理。水分管理包括驯化培养基含水量及空气湿度。培养基含水量的调控应前低后高，即组培苗驯化周期前10 d（危险期和过渡期）应控制在最大含水量的60%～70%，既保持足够的湿度，又保持良好的通气状况，避免水大涝根；弥雾时少量多次，雾滴宜细。10 d后苗木进入稳定期，基质含水量可逐步加大，以70%～80%为宜。苗木进入迅速生长期，含水量可达80%以上。驯化期间空气湿度的管理应前高后低，驯化周期前10 d空气相对湿度宜保持在90%～100%，进入稳定期后至迅速生长期，应逐步降低空气湿度至70%～80%。

② 通风换气。通风能排除棚内湿气和有毒有害气体，增加二氧化碳浓度，对组培苗的成活及生长必不可少。通风换气应在不影响棚内温度和空气湿度的前提下进行。组培苗移入穴盘后，通风宜循序渐进进行，移栽后的第二天早上可开小口通风10～20 min，以后每天通风时间逐渐延长，开口程度逐渐加大，到七、八天左右，根据组培苗生长状况，早上、傍晚以及喷水后，加大通风量，直至炼苗后期完全去掉薄膜。

③ 光照。光照对炼苗成活率有显著影响，组培苗移栽后 10 d（危险期及过渡期）应避免强光灼伤幼苗；进入稳定期后，随光照强度增加，移栽成活率上升。其原因为，试管苗在瓶内为异养型，其碳素来源除靠自身很弱的光合作用获得外，主要由培养基中获取，试管由瓶内转移到瓶外，其生理状况转化为完全自养型，光照是必需条件，刚出瓶的櫻桃脱毒试管苗组织幼嫩，保护组织不发达，直接转移到太阳光直射下容易造成死亡，但是若光照太弱，试管苗的叶绿素含量及光合速率较低而呼吸速率较强，可能形成净光合速率的负值，因而弱光下移栽成活率下降，而随光照强度增加移栽成活率上升。

(5) 大田移栽　移栽前，揭开棚膜，在日光直射下炼苗 5 d，提高其对直射光的适应能力，然后移栽于大田。移栽时尽可能选择阴雨天进行，同时特别注意保护根系，应将整个根系带土坨从穴盘内取出，尽量不松动根系，减少伤根。选择苗圃地时应特别注意防涝。苗圃地应地势高燥，地下水位低，不能有障碍层，土壤以沙性壤土最为适宜。移栽前要提前整地作畦，多为南北行向，为提高苗木质量，不可过密，一般株行距以 20 cm×20 cm 为宜，畦的宽度应考虑嫁接、灌水等方便。试验表明，组培苗大田移栽最适宜的季节为 4 月下旬至 6 月中旬，此时温度、光照、降水量等最适宜大田幼苗的生长，移栽成活率可达 90% 以上，当年小苗可达 1 m 左右。北方进入 7、8 月雨季到来，特别注意防涝，雨后及时排水，及时划锄松土散墒。

(二) 品种繁育

1. 采集接穗

接穗采集可在秋季树体完全落叶后或萌芽前 1 个月进行。选择生长健壮、优质丰产、适应性强、无病虫害的结果枝和发育枝，以树冠外围粗度为 1 cm 左右的枝条为宜，每 15～20 根枝条为 1 捆，每捆都挂上标签识别。

2. 坐圃苗木嫁接与管理技术

（1）嫁接时间 烟台地区常采用当年秋季（9 月）和翌春（3月）嫁接。

（2）嫁接方法 采用"带木质部一刀削"芽接法。

（3）绑缚材料与技术 采用 0.004 mm 地膜包扎，芽眼部位只包一层地膜，以便于春季接芽能自动钻出。

（4）平砧时间 嫁接后，砧苗开始萌动时平砧。一些在砧木开始萌动时嫁接的，嫁接后 7 d 就可平砧。

（5）平砧方法 平砧时，在接芽背上面或侧上面留 1 芽眼，将上部砧苗剪去。对留下的芽眼萌生的幼嫩新梢，及时多次摘心，控制其在最小生长范围内，以达到此幼嫩新梢不死为度。

（6）平砧后的管理 当嫁接芽开始萌动时，对接芽以下的砧木上萌生的新梢一次性全部疏除。但若土壤卫生条件较差，如有象鼻虫时，应通过摘心，控制接芽下砧段萌发的新梢高度在接芽以下，待接芽长出 3～4 片叶时，再将砧段上萌发的新梢全部疏除。对个别在膜内扭曲生长而没有顶破绑缚膜的接芽，用牙签将绑缚膜挑一个小孔，让接芽自行钻出。从 6 月下旬开始，每隔 15～20 d，喷一次 50%多·锰锌 600～800 倍液＋30%桃小灵 1 000～1 500 倍液，防治叶斑病及梨小食心虫，全年喷药4～5 次。

（7）注意事项 坐圃砧苗若遇早春气温偏高、活动较早，此时若遇较强冷空气或骤然降温，砧苗易发生冻害，影响嫁接成活率，因此，在冷空气到来或骤然降温之前，应将坐圃砧苗剪留 30～40 cm高，然后覆盖玉米秸或其他物料，防止砧苗冻害。

3. 春栽春接苗木嫁接与管理技术

（1）圃地准备 选土壤肥沃、排灌良好的壤土或沙壤土作圃地，冬前，在育苗圃地撒施肥料、深耕、耙平的基础上，做成50～60 cm宽的畦面、60 cm 宽的畦背，待翌春育苗时用。

（2）砧苗栽植 早春，土壤化冻后，按株距 20 cm、行距 25～30 cm 在畦内开沟栽植砧苗，每畦栽 3 行，栽植深度为略深于原砧苗根茎。要求砧苗嫁接处粗度在 0.8 cm 以上。栽后浇水，扶直砧苗，并将砧苗剪留 40 cm 左右高，待嫁接。

（3）嫁接 砧苗芽眼开始萌动时，浇一遍水，土壤稍干后，开始嫁接。选择在冷风库或冷凉贮存的优良新品种接穗，采用"带木质部一刀削"芽接法嫁接，绑缚物料采用 0.004 mm 的地膜，芽眼部位只包一层地膜。

（4）接后管理 接后 2 周，在接芽上留 3.3 cm 左右的平砧，平砧时，在接芽斜上对面留 1 砧木芽眼。嫁接后，对个别在膜内扭曲生长、没有钻出绑缚膜的接芽，此时，应用牙签将绑缚膜挑一个小孔，让接芽自行钻出。

对于有象鼻虫的圃地，早春不要急于将杂草除掉。另外，对于接芽以下砧段萌生的新梢，通过摘心控制高度矮于接芽，不要急于抹除。对接芽背上面或侧上面所留的一个砧芽萌发的新梢，及时而且多次通过摘心控制，维持在最小的生长范围之内，以促使下部接芽萌发生长。

当接芽生长高度达 3.3 cm 以上时，再将接芽以下的砧段萌发的新梢一次性除掉，并除掉杂草。而对接芽上保留的一个砧芽萌生的新梢，摘心控制其生长量，直到苗木出圃。

从 6 月中下旬开始防治叶斑病和梨小食心虫（俗称"折梢虫"），采用 50% 多·锰锌 600～800 倍液＋30% 桃小灵 1 000～1 500 倍液。每隔 15～20 d 一次，连喷 3 次，以后再单喷 2～3 次 50% 多·锰锌，全年喷药 5～6 次。

6 月下旬，在苗木行间用"耧"耧沟追施"磷酸氢二铵＋尿素"每 667 m² 10 kg，7 月下旬及 8 月中旬在行间撒施尿素每 667 m² 10 kg，每次追肥后浇水。

为防止刮大风时劈折苗木，于 6 月下旬，在每畦苗木的边缘插一些竹竿（60～70 cm 高），用包装绳将竹竿连在一起，将整畦苗木圈在一起。干旱时浇水，锄地保墒；多雨季节排涝。

4. 当年生苗木（夏接苗）嫁接与管理技术

（1）砧苗管理　单行压条的栽后扣地膜小拱棚，拱棚支架用紫穗槐条作材料即可，选择 90 cm 宽、0.006 cm 厚的地膜。在扣棚后，4 月 10 日左右再浇一次水。

5 月 1 日左右揭地膜，锄杂草，浇一次水，压条（固定），用小锄在压条上覆盖一层薄土约 2 cm 厚，撒施尿素（每 667 m² 15～20 kg）于覆土上，紧接浇水，锄草；上述工作后 7～10 d 再撒一次尿素，浇水；再 7～10 d 后（约 6 月初），撒施肥（每 667 m² 施用尿素＋磷酸二铵 50 kg），扶垄（条上压 15 cm 厚的土），浇水。

双行压条的其砧木管理措施基本上同单行压条。只是拱棚材料采用竹劈，扣膜时采用比地膜厚的塑料膜。以后追喂化肥时，在两行的边侧开小沟追喂，采用"尿素＋磷酸氢二铵"混施。

（2）嫁接

①嫁接时间。6 月 15—30 日，最晚到 7 月初。

②嫁接方法。采用"一刀削"嫁接技术，所削芽片最好长一点，2～3 cm，削芽内的木质部最好薄一点。

③嫁接高度。接芽下留 5～6 片砧叶。

④绑缚材料与技术。选用 0.004 cm 厚的地膜，接芽处只绑缚一层地膜，以便接芽能自行钻出。

⑤接后管理。

平砧：接后 7 d，在接芽上留 3～4 片叶平砧；再过 7 d，留接芽上一片叶平砧。注意：此片叶应留在接芽背上面，若第一片叶位置不合适，可扣除，选留第二片叶。

揭绑：嫁接后 20 d 揭绑。揭绑时，用小刀片将地膜绑结割开即可，不必将整个地膜揭下。

除萌：嫁接前和嫁接后要及时除萌，抹除砧木上萌发的杈，及时抹除接芽上所留一片叶的芽眼萌发的新梢，但此片叶不要碰掉。

追肥：待接芽萌发后长出 4～5 片叶时，追喂尿素（每 667 m² 10～15 kg）一次，以后每浇一次水时跟一次肥，共追肥 3 次。双行压条的，追肥时，可在两行的边侧开小沟追喂"尿素＋磷酸氢二铵"。

病虫防治：待接芽长出 4 片叶时，开始喷第一次农药，采用 80％大生 800 倍液或 50％多·锰锌 600～800 倍液。从喷第一次药开始，以后每隔 15 d 左右喷一次 50％多·锰锌 600～800 倍液＋30％桃小灵 1 000～1 500 倍液，全年喷药 5～6 次。

遇夏季雨水多的年份，从第一次喷药开始，每隔 7 d 喷一次杀菌剂（可选用"大生＋农用链霉素"或"多·锰锌＋农用链霉素"）直到嫁接品种长到 20～30 cm 高时，再按常规喷药时间喷药。确保苗木不在早期落叶。

七、土肥水管理

（一）樱桃树体养分需求特点

1. 树体周年营养吸收特性

樱桃树在年周期发育过程中，叶片中氮、磷、钾含量以展叶期中最多，此后逐渐减少。钾的含量在10月初回升，并达到最高值。樱桃树从展叶至果实成熟前需肥量最大，采果后至花芽分化盛期需肥量次之，其余时间需肥量较少。据研究，每生产1 000 kg樱桃鲜果实，需氮10.4 kg、P_2O_5 1.4 kg、K_2O 13.7 kg，樱桃树在年周期发育中需氮、磷、钾比例大致为1：0.14：1.3，可见对钾、氮需要量大，对磷的需要量则少得多。樱桃树对微量元素的需求，以硼为主。硼对于樱桃树的花粉萌发、花粉管的伸长能起到明显作用，可提高花粉粒的活力、参与开花和果实的发育。

2. 同树龄樱桃树的营养需求特性

不同树龄和不同时期的樱桃树对养分的需求是不同的。

（1）3年以下的幼树　树体处于扩冠期，营养生长旺盛，这个时期对氮需要量多，施肥上应以氮肥为主，一年生树通常每株年施氮肥100 g左右，2～3年幼树每株年施氮肥200 g左右，辅以适量的磷肥。

（2）三至六年生和初果期幼树　要使树体由营养生长转入生殖生长，促进花芽分化，在施肥上要注意控氮、增磷、补钾，每年每株施氮2～3 kg。

（3）七年生以上的树进入盛果期　树体消耗营养较多，要满足树体对氮、磷、钾的需要，需要增施氮、磷、钾，为果实生长提供充足营养，每年每株施氮 3~4 kg。樱桃果实生长对钾的需要量较多，在果实生长阶段补充钾肥，可提高果实的产量与品质。

（二）樱桃树体施肥方案

1. 土壤肥力确定樱桃施肥量

根据樱桃园有机质、碱解氮、有效磷、速效钾含量确定土壤肥力分级，然后根据不同肥力水平确定施肥量。表 7 - 1 为樱桃园的土壤肥力分级，表 7 - 2 为樱桃园不同肥力水平推荐施肥量。

表 7 - 1　樱桃园土壤肥力分级

肥力水平	有机质 (g/kg)	碱解氮 (mg/kg)	有效磷 (mg/kg)	速效钾 (mg/kg)
低	<6	<60	<20	<80
中	6~15	60~90	20~60	80~160
高	>15	>90	>60	>160

表 7 - 2　樱桃园不同肥力水平推荐施肥量

肥力等级	每 667 m^2 推荐施肥量（kg）		
	N	P_2O_5	K_2O
高肥力	12~14	5~7	8~10
中肥力	13~15	5~7	10~12
低肥力	14~16	6~8	12~14

2. 樱桃树营养状况确定施肥量

主要根据树体的长势长相及枝条、叶片、果实、根系等特有的症状来判断某些矿质元素的盈亏，并以此指导施肥。树势通常以外围新梢长度为衡量标准。幼树外围新梢长度 60~100 cm，四至五年生树 40~60 cm，结果树 20~30 cm 比较适宜。过长则表示氮肥用量过多，应适当减少施用量；过短则表示氮肥用量不足，应适当增加施肥量。此外，在樱桃盛花后8～12周，随机采取树冠外围中部新梢的中部叶片，每个样点采取包括叶柄在内的100片完整叶片进行营养分析，将分析结果与表7-3中的指标相比较，诊断樱桃树体的营养状况。

表7-3　樱桃树营养诊断指标

元素	成熟叶片含量		
	正常	缺乏	过量
氮	22～26 g/kg	<17 g/kg	>34 g/kg
磷	1.4～2.5 g/kg	<0.9 g/kg	>4 g/kg
钾	16～30 g/kg	<10 g/kg	>40 g/kg
钙	14～24 g/kg	<8 g/kg	>35 g/kg
镁	3～8 g/kg	<2 g/kg	>11.1 g/kg
铁	100～250 mg/kg	<60 mg/kg	>500 mg/kg
锌	20～60 mg/kg	<15 mg/kg	>70 mg/kg
锰	40～160 mg/kg	<20 mg/kg	>400 mg/kg
硼	20～60 mg/kg	<15 mg/kg	>80 mg/kg

3. 异常气候情况的樱桃园施肥补救方案

不良气候条件，如早春低温、长期干旱、多雨寡照及果园渍水等，都会对土壤养分的吸收、转化造成很大影响，使树体中某一种或几种营养元素，在短时间内发生剧烈变化，发生严重的缺素障碍，或出现中毒症状。对此，可以采取以下措施进行补救：

① 早春低温容易引起氮、硼和锌等的缺乏，致使花而不实、叶片发育不良及发生小叶病等。因此，早春遇持续低温时，可在花期前后分别喷施尿素和硼砂液或多元复合肥与硼酸液；花后尽早喷施1～2次有机螯合锌肥。

② 长期干旱易影响钾、硼和钙等元素的吸收，引起叶缘焦灼等缺素症状。在长期干旱的气候条件下，要特别注意叶面喷施上述

营养元素。

③ 长时间多雨寡照会影响树体内各种营养元素间的平衡关系。可通过叶面喷肥,补充相应缺乏的元素。

④ 土壤黏重、排水不良,或地势低洼、地下水位偏高、夏季田间渍水等,会使树体内各种营养元素迅速失去平衡,叶片变黄,叶中氮、磷、钾含量明显变低,锰含量高出数倍,甚至几十倍。要及时进行田间排水,并叶面喷施 1~2 次氮、磷、钾多元复合肥、专用铁肥、专用钙肥及专用镁肥等,迅速补充树体亏缺的元素。

4. 樱桃果园肥害及补救措施

生产中常因施肥方法不当或施肥量过大对树体造成伤害。如根际施肥时肥料过于集中、肥料与根系直接接触、有机肥未腐熟,导致烧根,树体须根、小根变褐死亡,大根皮层变褐、木质部变黑,地上部叶片自叶尖、叶缘开始焦枯、落叶,甚至整株死亡;叶面施肥时间选择不当或施肥浓度大,叶片焦灼,严重时导致落叶。

在根际施肥时,要施用腐熟的有机肥,化学肥料要与土拌匀,均匀施入,施肥后及时灌水。叶面喷肥要选择安全肥料,严格掌握使用浓度、使用时期。一般在上午的 8~10 时、下午 3~4 时进行,避免在高温时段喷施。

如果因突然施肥不当造成肥害,应立即对施肥沟内肥料进行深翻,将肥料与根系隔离,或将烧伤的根系从病健交界处切断,并用大水浇灌,稀释肥料浓度;叶片发生肥害,则立即进行叶面喷水。

5. 樱桃果园的主要施肥期

樱桃施肥通常有 3 个重要时期,即秋施基肥、花前追肥和采果后补肥。

(1) 秋施基肥 樱桃从开花到果实成熟约需 2 个月的时间,果实发育迅速,展叶、开花、抽梢等主要生长发育过程都集中在前半期完成,花芽分化也在采果后很快进行,需肥非常集中。特别是 4~5 月,需肥量占全年的一半以上,此时温度低,肥效缓慢,樱桃生长发育所需的养分,绝大部分来源于树体贮藏营养。因此早秋施基肥是樱桃施肥的关键。山东烟台樱桃主产区一般每年在 9～10 月进行,施肥量约占全年总施肥量的 70 %,施肥种类以人粪尿、猪圈粪和鸡粪等有机肥为主。发酵腐熟后,在树冠外围 30～40 cm 处,挖放射状沟每株 6～8 条,或弧形沟每株 3～4 条,沟深 20～30 cm,每株施肥量 30～80 kg,多数樱桃园还配施氮、磷、钾复合(混)肥,一般每株施用 1.5～3 kg,随有机肥料一起撒入施肥沟内。辽宁大连樱桃主产区,丰产园一般在 9 月上中旬,沟施土杂粪每株 150～200 kg、优质复合肥每株 0.5～1.5 kg。

(2) 花前追肥 花前追施一定数量的速效氮肥,有利于樱桃从以贮藏营养为主的阶段向以当年同化营养为主的阶段转变,保证树体正常生长发育。山东烟台樱桃主产区花前肥以速效氮肥为主,配合一定量的磷、钾肥,有条件的也追施部分腐熟的人粪尿,化肥用量一般每株 0.7 kg 左右,施后浇水。辽宁大连樱桃,发芽前施用腐熟人粪尿或猪圈粪尿等农家肥,每株 15～20 kg。

(3) 采果后补肥 为促进花芽分化,要追施一定数量的速效氮肥。但氮肥比例不宜过大,以免影响花芽形成。山东烟台樱桃主产区采果后追施复合肥或多元素混合肥,用量约占全年施用量的20%。辽宁大连樱桃园采果后施用多元复合肥每株 1.5～2.0 kg。另外,樱桃花期和果实发育期,通常叶面追肥 3～4 次,肥料种类和浓度分别为尿素 200 倍液、硼砂 200 倍液、磷酸二氢钾 600 倍液和多元素复合液体肥 500 倍液。

此外,樱桃采收前,由于浇水、降雨、大雾等,果肉细胞吸水迅速膨大,各种生理活动加快,但果皮细胞生理活动相对缓慢,当果实膨压增大到超过果皮及果肉细胞壁所能承受的压力(内压)时,便产生裂果。裂果与树种及品种有关,也与细胞组织内的矿质元素含量有密切关系,在矿质元素中,钙的影响最大。钙是果胶层中果胶钙的主要成分之一,可使相邻细胞相互联结,使细胞更坚硬。因此,樱桃采前裂果常与果实缺钙密切相关,补充钙是预防樱桃采前裂果的重要措施。补充钙的具体方法是:从花后 2 周左右开始，每隔 10 d 左右喷施一次 300～500 倍有机钙肥（如养分平衡专用钙肥、氨基酸钙等），共 2～3 次，可明显减轻裂果。花后喷钙不仅可以减轻采前裂果，还可提高果实品质，增加果实耐贮性，青岛农业大学试验表明：喷钙后，果实含糖量增加 1.7 %，低温贮藏半月褐变指数比对照减少 45.4％。

6. 樱桃果园的主要施肥方法

樱桃的施肥方式分为土壤施肥法和根外追肥法、随水冲施法等。土壤施肥能较长久供给树体需要的各种营养；根外追肥能直接供给树体养分，及时补充树体养分消耗，是一种应急和辅助土壤追肥的方法，具有见效快、节省肥料、简单易行的特点，并可防止养分在土壤中的固定和转化；随水冲施法也具有见效快的特点，也是一种应急的补充措施。根外追肥和随水冲施时应选择专用的速效性肥料，以便在短期内达到应有的效果。生产中这些施肥方法应配合应用。

（1）**土壤施肥** 土壤施肥应尽可能地将肥料施在根系集中分布的区域，以便充分发挥肥效。秋施基肥多采用在树盘上挖环状沟施肥法，即在树冠投影处树盘的两侧各挖一条深 30～40 cm、长约为树冠的 1/4 的半圆形沟，将有机肥及一定数量的化肥掺匀后施入沟内并覆土盖严，第二年施树冠的另两侧。生长期土壤追肥多采用放射沟施肥法，即从距树干 20～50 cm 处向外划 6～8 条放射状沟，沟长至树冠的外缘，沟深 10～15 cm，树冠内较浅、较窄，树冠外较深、较宽，施入化肥后覆土盖严。

（2）**根外追肥** 根外追肥的方法有 3 种，分别为叶面喷施、枝干涂抹和输液法。叶面喷施是通过叶背面的气孔吸收，叶面喷肥后养分吸收转化快，是及时补充营养的重要措施，喷施时间要求在下午或傍晚，或多云天气进行。常用喷施肥料浓度及喷施时期见表 7－4。枝干涂抹是一种新型的根外追肥方法，是将专用型的液体肥料，按一定比例稀释后，用毛刷均匀涂于树体的主干或主枝上，通过树皮的皮孔渗入，以被树体地上部各器官吸收和利用。对于有明显缺素症的树体，可将微肥配成肥液，装于输液瓶中，在树干适当部位打深入木质部 0.5～1 cm 的孔，然后通过输液管、针头将肥料输送到孔内，缓慢滴注，补充肥料，可很好地矫正缺素现象，保证树体健壮生长。

表 7-4　常用喷施肥种类、使用浓度及施肥时期

肥料名称	使用浓度（倍液）	使用时间	肥料名称	使用浓度（倍液）	使用时间
尿素	200～300	全生长期	硝酸钙	400～500	成熟期
磷酸二氢钾	300～500	果实发育期	氯化钙	300～400	成熟期
过磷酸钙	30～50	果实发育期	硼砂	150～200	盛花期
草木灰浸出液	25～30	果实中后期	硼酸	1 000～2 000	盛花期
硫酸钾	200～300	果实中后期	硫酸亚铁	300～400	前期或发生黄叶病
氯化钾	200～300	果实中后期	硫酸锌	250～350	发芽期
硝酸钾	200～300	果实中后期	硝酸稀土	900～1 000	展叶后至幼果期
磷酸氢二铵	200～300	果实中后期	光合微肥	800～1 000	幼果期前

(3) 随水冲施　适用于速溶于水的冲施肥料，随浇水施入土壤的一种追肥方式。此法不用挖沟，可节省用工量，而且随水施肥能使营养均匀分布于土壤中，利于根系吸收。

7. 几种新型肥料介绍

(1) 壳寡糖　壳寡糖是一种由几丁聚糖（Chitosan）经化学或酶水解的物质，甲壳类动物（虾、蟹等）的外壳、昆虫（蟑螂、蝴蝶）的外壳、软体动物的外壳（蛤蜊、牡蛎）和内骨骼（乌贼）及真菌类（日常食用的松茸、香菇、金针菇、啤酒酵母）的细胞壁都含有壳寡糖。

① 作用机理。壳寡糖（植物疫苗）具有激发子效应，诱导植物产生抗病性。施用壳寡糖可诱导提高植物体内吲哚乙酸等植物生长激素的分泌，促进作物生长。通过激活植物先天性免疫系统，调控植物体内的防御基因，参与植物的防御反应，诱导植物分泌大量

的次生代谢产物和防御蛋白，提高植物的抗病、抗寒、抗旱、抗盐碱等能力，预防病害发生，改善作物质量，降低农药残留，兼有药效和肥效双重生物调节功能的特点。另外，还有延长农作物贮藏期限等多种功能。

② 主要作用。

A. 激发植物抗寒能力，减少倒春寒发生，提高坐果率。

B. 在倒春寒来临前喷施壳寡糖，能明显提高苹果、梨、樱桃及木瓜的抗寒性，保花、保果效果明显，保果率较对照提高18%～36%。

C. 诱导植物植保素（Phytoalexin）提升，减少病毒发生。活化植物的几丁质酶（Chitinase）活性，提高作物抗病力、抗菌力，以减少农药使用量。50 mg/kg 的壳寡糖对稻瘟病防病效达 50%以上，对纹枯病防效达 65%以上。

D. 对防治土传病害，如番茄灰霉病、柑橘细菌性溃疡病、黄瓜霜霉病、芒果炭疽病有效。

③ 目前市售产品及使用方法。烟台水禾土（壳寡糖）疫苗相对分子质量为 1 000～5 000，脱乙酰度≥95%，有效壳寡糖含量 5%。

作为底肥于作物生长期冲施、滴灌，每 667 m² 用量 2.5～5 kg。

A. 防治病害。使用浓度 50 mg/kg（加水稀释 1 000 倍）。

B. 抗寒抗旱。使用浓度 75 mg/kg（加水稀释 660 倍）。

C. 促进生长。使用浓度 5～10 mg/kg（加水稀释 5 000～10 000倍）。

（2）植物免疫蛋白 植物免疫蛋白主要成分是从以酵母提取物与蛋白胨为起始原料进行天然发酵培养细菌，再从细菌中提取出的一种致病病原蛋白激发因子，是一种新型、高效、广谱、多功能促进植物生长的生物产品，天然、无毒、无害、无残留。

① 作用机理。植物免疫蛋白喷洒在植物表面以后便与植物表面的信号接收器接触，给植物一个假的信号（发出病原物攻击警报），随即一触即发，通过信息传递，引起多种基因发生表达，

3～5 min便可激活植物体内多种防卫系统获得抗性（主要表现为水杨酸和过氧化氢积累增加），喷洒 30 min 后，植株就表现出抵御病原物（真菌、细菌、病毒等）和一些有害生物侵染、危害等的生理反应。同时，通过打通植物生长发育相关因子（茉莉酸、乙烯），增强植物生理生化活动（光合作用增强）。

② 主要作用。

A. 增产提质。促进植物生长，不改变农作物基因，不会导致植物生长节律的紊乱，植株健壮，果实饱满、外形规则无畸形、瓜果口感好，且收获期长，耐贮存。试验表明，使用本品后，农产品增产 10%～50%，货架保鲜期明显延长并提高产品等级。试验表明，使用本品后，不同农产品保鲜期比未使用本品时延长30%～50%。

B. 抗病抗逆。能够快速抵抗和预防细菌、真菌、病毒引起的多种病害，增强抗病性高达 60%～80%，可减少化学农药使用量20%～50%，且不改变病原生物结构，长期或多次使用也不产生抗药性。据统计，本品能对病毒病、霜霉病、灰霉病、蚜虫、粉虱、斜纹夜蛾等 62 种病、虫有明显的防控作用。本品对于各种逆境均有较强抵抗力，抗旱、抗冻、抗持续低温、抗重茬、抗倒伏，明显提高作物抗自然灾害的能力。

C. 适用广泛。适用于大田作物及蔬菜、瓜果、棉花、烟草、茶叶等经济作物，在种期、苗期、花期及果期使用效果均很好，发芽率高、根多、苗高、苗壮、叶片饱满、叶绿素含量高。

D. 天然无毒。不进入植物体内，极易分解，无残留，对人畜无害，对不具有致病性的非标靶物无影响，不会杀伤害虫的天敌和其他有益菌，对环境友好，绿色安全无公害。

③ 目前市售产品及使用方法。烟台水禾土（超敏蛋白）疫苗主要成分为：植物免疫蛋白含量≥0.1%，氮磷钾含量≥20%，微量元素含量＞2%，水不溶物＜5%。

A. 花卉及蔬菜等作物，在作物苗期和快速生长期，每 667 m² 喷施叶面 3～4 次，幼苗期按照 1∶500 的比例喷施；其他时期按 1∶1 000的比例即可。

B. 林果等作物从新叶舒展期开始使用，直到收获前每隔15～20 d喷洒1次，共喷3～5次，新叶舒展期按照1：500的比例喷施；其他时期按1：1 000的比例即可。

C. 以种子或根茎（比如马铃薯）埋土种植的，可以在种植前先浸种，以本品1：500的比例对水均匀喷施种子、果实表面后即可。

（3）复合根际促生菌剂　由枯草芽孢杆菌、解淀粉芽孢杆菌、沼泽红假单胞菌、地衣形芽孢杆菌等十几种根际细菌组成的复合根际促生菌剂，施用到庄稼和花卉作物上，可有效刺激植物强旺生长，增加作物产量，有效修复土壤质量，明显减少化学肥料使用量。

① 作用机理。

A. 直接促进植物生长的细菌活动。将土壤中固定的矿质元素溶解成生物可利用的盐类；活性细菌自身携带的氮元素可进入土壤，加速有机氮转化为胺，胺转化为硝酸盐；生成能刺激作物生长的植物激素，如生长素、赤霉酸、细胞分裂素等。

B. 间接促进植物生长的细菌活动。有益菌群与有害菌争抢养分和生态环境；生产能增强根系周围养分提取力的生物酶；增强系统性的免疫力，促使作物对病害的反应加快和加强。

② 目前市售产品及使用方法。美国 TLC 公司生产的 ACF - SR 复合微生物制剂，该产品经美国官方有机认证，可用于生产有机食品。规模较大的农场也可使用带曝气和加温设备的发酵桶现场生产，一般是连续曝气72 h 后立即使用，对于促进作物生长和提高产量效果更为明显，使用成本也大大降低。

A. 花卉及蔬菜等作物，在作物苗期和快速生长期，每 667 m^2 喷施作物叶面2～3次，按照1：50的比例喷施即可，每次使用成本约为10元。

B. 樱桃从新叶舒展期开始使用，直到收获前每隔15～20 d喷洒1次，共喷3次，按照1：40的比例喷施即可。每次使用成本约为12.5元。

（4）水溶性硅肥 水溶性硅肥主要成分是硅酸盐，含水溶性 SiO_2 50％以上。水溶性硅含量是工业固体废物加工而成的硅肥的 4～5倍，同时不含重金属等有害物质。

活性硅是作物生长的诱导剂。能充分改善作物表皮细胞的排列规律，有效调节作物叶面和果实气孔的呼吸强度，抑制水分大量的蒸发，增加有机物质的积累，充分提高表皮细胞的致密度、果实的紧实度，使单果的重量及耐贮存性得到很大的提高。

① 作用机理。可使作物表层形成致密的硅质层，促进植物各个部分表皮细胞角质层增厚，起到坚实的保护作用，从而提高了作物的抗逆能力，有效降低各种病虫害的侵蚀。

能有效治理土壤的酸化板结（pH≥9），对土壤中固化的磷具有很好的活化作用。对土壤中过量的锰、铬、铝、亚硝酸盐等重金属离子具有有效的固定作用，为有机绿色食品的生产提供基础保障。

对各种营养元素的吸收具有很好的调节作用，特别是在其他元素供应过量时，有抑制特效，使作物营养生长和生殖生长达到有机的平衡。

② 目前市售产品及使用方法。以山东烟台施百乐化肥有限公司生产的海源神硅和烟台裕原生物肥料有限公司生产的裕源硅肥为代表的新研制的水溶性高效硅肥主要是 20％硅酸钠、硅酸钾、过二硅酸钠和偏硅酸钠、偏硅酸钾等。

A. 适用于各种作物，浸种、灌根、随水冲施均可。生长早期使用效果更佳。

B. 使用量。每 667 m^2 8～10 kg，每隔 15 d 随水冲施 1 次。

C. 作物浸种及灌根。500 倍液 3 h。

（5）含海藻酸水溶肥 含海藻酸水溶肥料是一种以海藻为原料，经过加工破碎细胞释放内容物，使用常温酶解工艺进行提取，包含丰富的微量元素、维生素、酶、氨基酸、糖类及植物生长调节物等，或配上一定配比的氮、磷、钾及中微量元素加工出来的一种肥料。其保留了海藻天然活性成分如海藻多糖、酚类多聚化合物、甘露醇等。

① 作用机理。海藻酸是一种天然生物刺激素，含有多种天然植物生长调节剂，具有很高的生理活性，能促进植物根系发育，增进其对土壤养分、水分与气体的吸收利用，同时可增大茎秆维管束细胞，加快水分、养分与光合有机产物的运输；含有的细胞分裂素等能促进细胞分裂、延缓细胞衰老，海藻酸具有增加叶绿素含量、有效地提高光合效率、大幅度提高产量、改善品质的作用；也能提高作物的抗寒、抗旱、抗病能力。海藻酸能够均衡调节植物生长，促进花芽分化，提高坐果率，减少落果、裂果，还能促进果实早熟，提前采收。

② 目前市售产品及使用方法。德国诺美制药公司生产的爱吉富牌海藻肥、青岛明月海藻集团生产的海藻精、烟台水禾土公司生产的 35％海藻多糖。

A. 用于各种作物，浸种、灌根、喷施均可。生长早期使用效果更佳。

B. 使用量。在樱桃萌芽期、开花后、幼果期、果实膨大期，间隔期不少于 10 d。使用时请摇匀，搅拌稀释 1 500～2 000 倍，叶面喷施；寒潮来临前可稀释 800 倍喷施，一般每 667 m² 用量 10～100 g；稀释 1 500～2 000 倍配合其他肥料滴灌或冲施，一般每 667 m² 用量 500～2 000 g。

（三）樱桃园土壤管理技术

品质种植是樱桃种植者的唯一出路，而土壤肥力和质地直接决定和影响着樱桃的产量和质量。因此，加强土壤管理、为根系生长创造一个良好的土壤环境至关重要。樱桃园的土壤管理技术主要包括有机质提升技术、酸化土壤改良技术。

1. 樱桃园有机质提升技术

增施有机肥是樱桃园土壤改良最有效的方法，也是培肥地力的根本出路，土壤病从根本上来说是有机质缺乏症，是大气污染和掠夺性种植的后遗症，增加有机质是减少土壤三大病害的有效手段。

施用高含量有机质肥料是增加土壤有机质的主要途径，对提升土壤肥力有着重要的意义。因此，作为土壤有机质的重要组成部分，樱桃种植者若想大幅度快速提升土壤有机质含量就必须要在土壤中大量施用高含量有机质肥料。而在土壤中施用高含量有机质肥料还能改善土壤结构，为土壤微生物和樱桃提供能源和生长营养元素，并使樱桃的生长环境变得协调均衡。目前实际施用较多的有机质肥料有农家肥、禽畜粪便、商品有机肥（腐殖酸类有机质肥料）、微生物有机质肥料等。

(1) 禽畜粪便 禽畜粪便主要以鸡粪、鸭粪、牛粪、猪粪为主，禽畜粪便中有机质含量在 $10\%\sim25\%$，在施用之前需要经过发酵处理，这样既可以杀死粪便中的蛔虫卵和大肠杆菌，还可以提高粪便中的有机质含量。同时还要对其进行重金属含量检测，检测合格方可投入使用。通常禽畜粪便作为有机质肥料每 $667\ m^2$ 的使用量为 $1\ 000\ kg$。

(2) 腐殖酸类有机质肥料 腐殖酸类物质是土壤有机质的重要组成部分，主要包括腐殖酸含量较高的风化煤、褐煤和泥炭等，在其中加入少量的氮、磷、钾等樱桃必需的有机质元素，而制成腐殖酸类有机质肥料。腐殖酸类有机质肥料不仅含有大量的有机质，还含有速效养分，兼具有机肥与化肥的共同特征，是一种多功能的有机-无机复混肥，施用腐殖酸类有机质肥料可以起到培肥改土及促进樱桃生长的双重作用。商品有机肥每 $667\ m^2$ 用量 $500\sim600\ kg$。

(3) 微生物有机质肥料 微生物有机质肥料是指利用微生物的新陈代谢和生命活动所产生的能量，来为樱桃提供养分，并改善土壤的肥力，调控樱桃的生长状况，优化樱桃养分供应，提高樱桃产量，改善樱桃品质，减少樱桃生长过程中的化肥施用量，减少和降低耕地病虫害发生概率，改善耕地土壤的环境质量，使之在农业需求上可以达到高产、优质、高效的有机质肥料。具体来说微生物有机质肥料具有以下几个特点：其载体通常为有机质含量较多的有机物，可以改良土壤，同时微生物含量和有机质含量也很多，且添加在该肥料中的微生物和有机质菌种主要是有利于土壤肥力提升的有益微生物。其不但可以促进樱桃的生长，还可以有效推进土壤中有机质的转变，同时还可以抑制土壤中有害微生物的生长，从而改善耕地土壤的自然环境，取得很好的效果。而施用微生物有机质肥料将可以大大减少化学农药的使用数量和使用次数，微生物有机质肥料中的微生物还可以通过新陈代谢活动来增加樱桃营养物质的整体供应量。现有的微生物有机质肥料中主要包括解钾、解磷和固氮等微生物有机物质，这些微生物有机物质的新陈代谢所产生的营养和微量元素可以被用作樱桃所需要的生长养分。微生物肥料每667 m^2 用量 300～400 kg。

2. 樱桃园酸化土壤改良技术

土壤酸化会对樱桃以及土壤造成多方面的影响。抑制根系发育，土壤酸化可加重土壤板结，使根系伸展困难，发根弱，根系发育不良，吸收功能降低，长势弱，产量降低；樱桃长势减弱，抗病能力降低，易被病害侵染，尤其是根腐病增多；中、微量元素吸收利用率低，特别是钙素，在酸性土壤中最易缺乏引起裂果。土壤酸化不仅会造成氮素的大量流失，同时也使磷、钾元素容易被固定，加上酸性导致樱桃根系生长弱及养分自身吸收利用率低，最终导致化肥用量越来越大，而樱桃长势却越来越差；使微生物种群比例失调。酸性土壤中易滋生致病真菌，使得分解有机质及其蛋白质的主要微生物类群芽孢杆菌、放线菌等有益微生物数量降低；在酸性条件下，铝、锰的溶解度增大，对樱桃产生毒害作用。土壤中的氢离子增多，对樱桃吸收其他阳离子产生颉颃作用。

（1）**采取测土配方施肥** 测土配方施肥是根据对土壤养分结构检测化验后，科学选择用肥的种类、配比和施用量，能做到"缺啥补啥、精准供给不浪费"，能够保持大量元素、中微量元素等在土壤中的养分结构平衡。

（2）**使用化学物品调节 pH** 可以根据土壤的酸碱度，使用适量生石灰、石膏、碱渣、氯化钙、腐殖酸钙、土壤改良剂等物品调节，使土壤过高的 pH 降下来。

（3）增施腐熟有机肥或生物菌肥 充分腐熟的有机肥和生物菌肥等，不仅能够提高土壤的通透性，促进土壤团粒结构形成，增强土壤活性，促进多种有益生物菌类的繁殖活动，同时还富含中微量元素，为土壤全面补充养分，提高土壤肥力状况。

（4）改变施肥浇水不良习惯 主要是指合理控制氮肥施用量，不偏施、不重施氮肥，在浇水管理上，有条件的采取滴灌、喷灌，没条件的可以根据土壤干旱情况和作物生育期对水分的需求，进行合理浇水，并增加浇水次数进行冲酸，一定要避免大水漫灌式的浇水陋习。也可以配合使用一些冲施肥来改良土壤。

总之，若樱桃园的土壤酸化严重，会造成根系生长量不足、死树等严重后果，且有酸化范围不断扩大、酸化程度不断加剧的趋势。通过施用石灰、钙镁磷肥、钾硅肥等碱性土壤调理剂，增施有机肥等酸化改良技术，提高土壤 pH，改善土壤团粒结构和理化性状，减少土壤盐基离子淋失和活性铝的溶出，降低土壤重金属活性，提高樱桃产量和品质。

3. 樱桃土壤修复方法——局部优化-扩沟改土

樱桃的根系大多分布在 20～40 cm 深的土层中。在土质疏松、透气性良好、土质肥沃、深厚、保水保肥能力强的土壤上种植樱桃，能够使根系向深处延伸，提高抗旱、抗涝性。随着种植年限的增长，土壤板结、酸化、缺乏中微量元素等现象加剧，需要进行局部优化来改变樱桃的生长环境，试验表明，樱桃有机肥，集中施用根量多，全部改土会引起樱桃伤根，所以局部优化经济实惠。

（1）扩沟时间 定植后第一年秋季开始，每年进行，3～4 年内全园优化一次。

（2）扩沟方法 对于挖坑进行定植的，第一年先在株间进行扩沟，第二年在行间扩沟；如果是挖沟定植的，从第一年开始就进行行间扩沟。每年扩沟，直至行间、株间完全扩通。扩沟要与施基肥相结合，注意不要损伤较粗大的根系。对一年生幼树可沿原定植沟圆周形扩沟，对二年生以上的，每年只在树两侧扩沟，以避免伤根太多，影响树体生长。对四年生以上的樱桃园，禁止全园深翻。

(3) 平畦 根据樱桃根系生长分布特点，定植成活后，需将园地整成沿树行部分高、行间低的形式。刚定植的树，为浇水方便，保证苗木成活，可沿树行整成 50～60 cm 宽的平畦。待苗木成活稳定后，沿树行起一个 40～50 cm 宽的高畦，树行正好在高畦脊背中间，行间相对较低。以后随树冠扩大，加宽高畦，3～4 年后变为沿树行高凸起，行间仅有一条宽 40～50 cm、深 20～30 cm 的沟。浇灌时沿行间流水。此方式能使每次沿行间浇的水渗透到樱桃根部，而树根茎部位及树盘内无积水，减少了因积水而导致的烂根和根部病害传播。行间浇水在增加行间土壤湿度的同时，也吸引根系向行间扩展。此方式还有利于雨季果园排水，起到固定树体的作用。

(4) 地膜覆盖 对樱桃进行地膜覆盖可蓄水保墒，减少浇水次数，使土壤较长时间保持疏松状态，改善土壤耕性，减少土壤侵蚀和养分流失，防止土壤板结，抑制杂草生长。特别是在温室栽培中，覆盖地膜能促进地温迅速上升。晚上由于地膜的作用，地温下降幅度小，昼夜地温相对稳定，能促使樱桃根系提早恢复活动。

注意事项：黏土地浇水后，需待地里水渗下，中耕松土后才能覆盖地膜。否则，土壤含水量过大，盖膜后水分不易散失，土壤透气性降低而引起根系腐烂。为了保证根系的正常呼吸和地膜下二氧化碳气体的排放，地膜覆盖带不能过宽，一般幼树仅盖 60～80 cm 宽，大树最多覆盖面积达到 70% 左右；降雨后，注意开口排水；幼树到 6 月要撤膜或膜上盖草，防止地面高温。

(5) 果园覆草 樱桃园覆草可减少水土流失，减少地面水分蒸发，保持土壤湿度相对稳定，有效防止养分流失，提高冬季地温，降低夏季地温，促进土壤微生物活动。覆草腐烂分解后，能提高土壤中有机质含量，增加团粒结构和土壤养分。

① 覆草方法。一般在 9～10 月施基肥后，将草均匀撒到树冠

下，厚度以 20 cm 为宜，根茎部位留出 20 cm 的通气孔，草腐烂后要及时补充。覆草后，上面要少量稀疏地压土，防止风刮草飞。

② 注意事项。要加强地下鼠害防治；冬季注意防火；雨季要扒开水路，利于排水；低洼地雨季不要覆草，防止引起涝害。盖满园，无需再间作。前期果园间作，能对土壤起到覆盖作用，夏季高温季节，可以降低田间地表温度，减少杂草危害，防止土壤冲刷，增加土壤腐殖质含量，提高土壤肥力，还可以增加经济收入，达到以短养长的目的。但在定植密度较大的樱桃园，间作物最好以间作绿肥为主，主要精力要用于树体管理。

(四) 樱桃树体水分管理方案

1. 樱桃树体需水规律

樱桃适于在年降水量在 600~800 mm 的地区生长，喜潮湿的环境条件，根系分布浅，既不耐旱，又不耐涝，干旱会造成严重落果，果个小，畸形果增多，裂果率高；渍水过多，时间过长，会导致树体死亡，因而均衡供水至关重要。要均衡供水，则应了解樱桃的需水规律。

樱桃不同年龄段及一年中不同生长时期对水分的需求是不一样的，在幼树期，树体小，枝叶量有限，树体蒸发量小，需水量小；在进入盛果期之后，枝叶量大，结果消耗水分多，对水分的需求量较大，应注意足量供给。

在一年的生长周期中，花期前，叶幕较小，气温低，水分蒸发量小，需水不多；在 4~5 月新梢生长期，随着气温升高，叶片增大，叶片数量增加，树体及土壤蒸发量增加，需水量较大；在 6~7 月果实膨大期，叶幕厚，气温高，蒸发量大，需水量较大；在 8~10 月，我国北方进入雨季，气温开始渐降，需水量较少。

在樱桃生产中缺水或多雨时会发生一系列不利生产的现象，表现在幼果发育期土壤干旱时会引起落果；果树迅速膨大期至采收前久旱遇雨或灌水，易出现不同程度的裂果现象；樱桃刚定植的苗木，在土壤干旱的条件下易死亡；涝雨季节，果园积水伤根，引起死枝死树；久旱遇大雨或灌大水，易伤根系，引起树体流胶；当土壤含水量下降到 10% 时，地上部分停止生长；当土壤含水量降到 7% 时，叶片发生萎蔫现象；在果实发育的硬核期土壤含水量下降到 11%～12% 时，会造成严重落果等。因而在樱桃生产中均衡供水是生产的关键环节之一。

2. 樱桃果园合理灌溉时期

浇水是补充樱桃园水分的有效措施，在有浇水条件的樱桃园中，应注意适时适量地进行浇灌，以促进生产效益的提高，在樱桃生长周期中，应适期浇好 5 次水：

（1）花前水 在发芽后开花前（3 月中下旬）进行。主要是为了满足发芽、展叶、开花对水分的需求。此时灌水还会降低地温、延迟开花期，有利于防止晚霜危害，此次水可有效增加各类枝上的叶面积，有利于花芽形成，亦可提高坐果率、增加产量。如果开花前土壤含水量不低于田间最大持水量的 75%，也可不灌水，此次灌水量不宜过大，以"水一流而过"为度。灌溉用水，最宜用水库、水塘的水，井水温度低，最好是先提上来贮存在水池里，晒一段时间，或让井水流经较长的渠道，经过增温后再进行灌溉。

（2）硬核水 落花后 10～15 d 为硬核期（5 月初至 5 月中旬），是果实生长发育最旺盛的时期，对水分的供应最为敏感，此时若水分供应不足，影响幼果发育，生成大量果核软化的柳黄果，且易早衰脱落。因此，此期 10～30 cm 土层内的土壤相对含水量不能低于 60%，否则就要及时灌水，此次灌水量要大，以浸透土壤 50 cm 为宜。

（3）采前水 采收前 10～15 d 是樱桃果实膨大最快的时期，灌水与不灌水对产量和品质影响极大。此时若土壤干旱缺水，则果实发育不良，不仅产量低而且品质也差。但如果土壤长期干旱，在采前突然浇大水，反而容易引起裂果。因此，这次浇水采用少量多次的原则。

(4) 采后水　果实采收后,正是树体恢复和花芽分化的关键时期,为恢复树体、保证花芽分化正常进行,要结合施肥进行灌水,此次浇水宜少不宜多,以小水湿过地皮为宜。此后天气短期干旱有利于花芽的形成。

(5) 封冻水　落叶后至封冻前要浇一次封冻水,这对樱桃安全越冬、减少花芽冻害及促进树体健壮生长均十分有利。这次水要浇足、浇透,浇水后做好保墒工作,增强树体越冬能力。

3. 樱桃果园灌溉方法

目前,樱桃生产中的浇水方式主要有大水漫灌、管灌、喷灌、滴灌等,灌溉方式不同,优缺点各异,在生产中应结合本地实际,合理选择灌溉方式。

(1) 大水漫灌　这是我国传统的灌溉方式,适用于水资源丰富的地区。此法灌溉水分蒸发及渗漏损失较严重,但灌溉设备简单,有主渠、支渠、毛渠就可灌溉,为了灌得均匀,在灌溉时多将田块打成畦,通过主渠、支渠、毛渠将水引到最低处,逐畦往高处退灌,这种方法费水,但水渗得深,保湿期长。

(2) 管灌　即利用管道将水输送到田间进行灌溉的方法。这种方法蒸发及渗漏损失较大水漫灌明显减少,生产中也多进行畦灌,方法与漫灌相同。

(3) 喷灌　现代灌溉方式之一,比较节水、省力,幼树期及盛果期果园均可应用。生产中有固定式喷灌和行走式喷灌两种方法,应用喷灌不但可增加土壤水分含量,而且可增加空气湿度,因而具有调节小气候的好处,特别是在有霜冻发生时,园内实行喷灌,可有效地降低霜冻危害。但这种方式成本较高,生产中利用得较少。

(4) 滴灌　是现代化灌溉方式之一,在水源短缺的地方应用优势明显,水分利用率可达 90% 以上。近年来,大量生产实践证明,由于滴灌范围有限,该法主要应用于幼树期,进入盛果期之后的大树应用效果不太理想。此法省水,灌得均匀,但成本太高,使用年限较短,一般应用国产设备,每 667 m^2 设备投资在 1 000 元左右,应用韩国或以色列进口设备时，每 667 m² 设备投资在 2 000～3 000元，目前多应用于公司制果园或家庭农场式果园，农户使用较少。

滴灌一般由中控室、主管、支管和毛管组成，中控室在果园的中心位置，主管与果园长相平行，支管与主管相垂直，支管最理想的间距为 120 m，滴管与主管相平行，中控室由电脑控制，使用时打开可控制开关，水分通过主管、支管流到滴管，然后以小水滴缓缓地渗入土壤中，不会流失。灌后低温变幅小，有利于树体生长发育。

4. 樱桃果园灌溉与施肥相结合

施肥常与灌水相结合，因为只有在有水的情况下，樱桃才能吸收土壤中的养分。很多果农都关心到底应该先灌水、后施肥还是先施肥、后灌水。其实，谁先谁后是根据条件而定的，基本原则是防止因灌水不当而造成肥水流失。

施肥与灌水的先后顺序可依据下列条件而定：①保肥力差的土壤如沙土，宜先灌水后施肥；②漫灌时，宜先灌水后施肥；③沟灌时，宜先施肥后灌水；④灌溉时（滴灌、微喷灌），宜先施肥后灌水；⑤灌溉时，还可将肥料溶于灌溉水中。

5. 果园排水

樱桃砧木根系较浅，既不耐旱，更不耐涝，因此，排水和灌水同等重要。

樱桃园发生涝害大致有以下 3 种情况，具体排水方案如下：

（1）平洼地的樱桃园 连续干旱年份看不出涝害，一旦遇上雨水多的年份，地下水位升高，会使樱桃树深层的大根全部沤烂，造成成片死树。对这种果园，必须彻底疏通排水沟，可在下水头与树行垂直方向挖深 1.2 m 的排水沟，再栽植樱桃，每隔 4～6 行，在行间挖一条深 0.8 m 的排水沟，使其与下水头的排水沟相通。

（2）半边涝的梯田樱桃园 这种果园的樱桃树，一般靠堰里边的一行树，雨季易受涝黄叶，甚至死树。必须通过深挖堰下沟，解除半边涝。堰下沟深度不少于 60 cm，在沟下段和出水口要修建园泥坑、水簸箕等水土保持设施。

（3）活土层浅、易渍涝的樱桃园 这种果园一般是在建园时只是挖个长、宽、深各 60 cm 的穴，将树栽上。树像栽在不漏水的花盆里。地面活土层只有 15～20 cm 厚，雨季渍涝，穴内积水沤根，易死树。对这种果园必须进行行间开沟深翻，将原栽植穴打破，使活土层达到 60 cm 以上，主排水沟深 80 cm 以上。

（五）樱桃园水肥一体化技术

水肥一体化技术是通过微灌系统将水和必要的营养元素直接传送到作物根区，最大限度减少水分和养分损失，提高生产效率。采用水肥一体化灌溉技术，根据肥随水走的原理，将灌溉和施肥进行有机结合，并通过滴灌设备将水肥溶液作用到农作物根部。这样不仅可以避免水肥等资源的浪费，而且可以大大提高施肥的效率，从而获得更高的生产效益；更关键的是，通过对整个灌溉施肥过程进行统一的管理，可以减少劳动力成本；并且在水肥一体化设备中融入水肥浓度控制技术，实现对农作物准确、定时、定量地灌溉施肥，从而提高农作物的质量和产量。

我国的水肥一体化起步于 20 世纪 70 年代，经过 40 多年的不断发展，灌溉施肥技术发展十分快速。考虑到我国的国情，直接引进国外的先进技术并不可取，必须结合我国农业的实际情况研发一系列适合我国农业生产的水肥一体化控制系统。为实现农业智能化的目标，国内的相关企业和一些高校也对水肥一体化技术进行了研究，并取得了不错的成果。未来，我国发展水肥一体化技术具有无限的潜力。

1. 水肥一体化灌溉系统组成

（1）水源系统 江河、渠道、湖泊、井、水库、水塔均可作为水源。

（2）首部枢纽系统 包括水泵、施肥器、过滤器、控制阀、进排气阀、压力及流量测量仪表等。其作用是从水源取水增压并将其处理成符合微灌要求的水流送到系统中去。

（3）过滤系统 过滤系统的主要类型如下：

① 介质过滤系统。主要用于河流、水库、池塘的水源，可以充分地过滤水源的悬浮物质和藻类。

② 离心过滤系统。用于深水井的沙石的过滤。

③ 叠片过滤系统。水流流经叠片，利用片壁和凹槽来聚集、截取杂物。片槽的复合内截面提供了类似于在沙石过滤器中产生的三维过滤，过滤效率很高。叠片式过滤器在正常工作时，叠片是被锁紧的。

④ 网式过滤系统。网式过滤器利用滤网直接拦截水中杂质，去除水体悬浮物、颗粒物，降低浊度，净化水质，减少系统污垢、菌藻、锈蚀等产生。

（4）施肥系统 将肥料或农药通过该套系统施到作物根系附近的装置。它分为施肥罐、文丘里注肥器和水动泵式注肥器（施肥机）等。

① 施肥罐。是采用压差式原理进行施肥，无活动部件，使用简单方便，运行可靠，只需开启肥料阀门即可进行自动施肥，无须人员值守看护。特别适用于大田与果园的滴灌系统施肥。罐体为金属材质，内外均匀烤漆，可耐受化学肥料的多年腐蚀不致泄漏。

② 文丘里注肥器。文丘里施肥器与微灌系统或灌区入口处的供水管控制阀门并联安装，使用时将控制阀门关小，造成控制阀门前后有一定的压差，使水流经过安装文丘里施肥器的支管，利用水流通过文丘里管产生的真空吸力，将肥料溶液从敞口的肥料桶中均匀吸入管道系统进行施肥。

文丘里施肥器具有造价低廉、使用方便、施肥浓度稳定、无须外加动力等特点，其缺点是压力损失较大，一般适于灌区面积不大的场合。薄壁多孔管微灌系统的工作压力较低，可以采用文丘里施肥器。

③ 水动泵式注肥器。采用液压活塞泵式注肥器配合肥料罐，可实现不同品种肥料的混合施加。施肥装置直接利用管道内的水压力作为动力进行活塞泵的机械运动，将肥料直接注入系统管道内。施肥器管路上安装有进/排气阀，防止输肥管路中的气体对施肥量精确度的影响。施肥泵和肥料罐材质均是工程塑料，极耐化学腐蚀，可与控制器相连。特别适用于大田与果园的滴灌系统精确施肥。

（5）管道系统 管道设计考虑实施多管共埋，保证管道压力、自然坡降及所有管道的埋设等环节。

滴灌带（管）是滴灌系统的末端管网，是水肥一体化系统中向作物输送水肥的重要部分。滴灌带主要有内镶式、管上式、薄壁式，按功能分类滴灌管有压力补偿式与非压力补偿式两种。

① 压力补偿式。具有压力补偿功能，特别适用于坡度起伏较大或肥料质量不好的情况，是紧凑型压力补偿滴灌管线。该类型管线具有如下特点：A. 滴灌管线所用的滴头为内镶式结构，生产过程中直接将滴头"焊"于滴灌管的内侧壁上，最大限度地防止机械损伤；B. 滴头结构：独特的迷宫式紊流流道，流道宽短，抗堵塞性能强，能有效防止滴头堵塞；具有压力差分专利技术的压力补偿系统保持在不同压力条件下的均一出流量，保证了水、肥的精确分布。

② 非压力补偿式。主要用于平地和设施栽培，性能特点：A. 内镶式滴灌管，滴头内置，不会丢失和损坏；B. 侧壁式滴头过滤器，有效防止累积污物堵塞滴头；C. 工作压力低，节省水泵能耗；D. 铺放距离长。

2. 水溶性肥料的选择

（1）水溶性肥料应具备特点 完全水溶性；具有良好的相溶性；呈弱酸性或弱碱性；盐分指数低；要注意肥料及灌溉水的 pH 和 EC。

（2）氮肥 种类有尿素、硫酸铵、硝酸铵钙、硝酸钙、硝酸钾等，如土壤偏酸性，建议多使用硝态氮肥。这是由于硝化过程会产生氢离子，田间长期使用铵态氮肥土壤有酸化的风险。硝酸根离子不易被土壤吸附，极易随水分移动，生产中总存在硝态氮流失问题。硝态氮和铵态氮平衡有利于果树生长。选用缓控释肥料、恩泰克硝化抑制剂肥料，有利于提高肥料利用率。

(3) 磷肥　种类有农用磷酸氢铵或磷酸氢二铵、磷酸二氢钾、聚磷酸铵。磷肥在土壤中移动性较小，大部分情况下磷肥作基肥使用。基施的磷肥后期可能大部分被固定，不能供应作物的后期生长，后期要追施磷肥或水肥一体化施肥、叶面喷施磷酸二氢钾。或追施含磷水肥一体化可用工业级或食品级磷酸氢铵、磷酸氢二铵。

(4) 钾肥　种类有硫酸钾、氯化钾、硝酸钾、磷酸二氢钾、钾硅肥等。市场上有的硫酸钾、氯化钾不纯，由于含有游离酸、氯化钠，容易造成土壤酸化、盐指数高。氯化钾与硫酸钾相比，易造成盐害。土壤和水的传导性高可用氯化钾。传导性主要受溶液中的Na^+离子影响。灌溉水好也可用氯化钾，纯硫酸钾、氯化钾是良好选择。

(5) 中微量元素肥　用于灌溉施肥肥料中的中微量元素主要是以螯合态的形式存在的，从而避免了与其他元素间的颉颃；同时根据土壤 pH 也可选择不同形态的螯合微量元素，提高肥料有效性。

八、花果管理技术

花果管理是指为了保证和促进花果的生长发育，针对花果和树体实施的相应技术措施以及对环境条件进行调控，是实现丰产、稳产、优质、高效的保障，主要包括促进坐果、调控产量、增大果个和提升品质等技术。各项技术的实施必须以樱桃花芽分化、开花与授粉以及果实发育的特性为依据。

花芽分化特性：樱桃花芽分化的时间早、时期集中、进程迅速，花芽在幼果期（谢花后 20～25 d）开始分化（图 8-1），谢花后 80～90 d 基本完成，花器官的发育则一直持续到下一年；不同栽培条件或不同品种间稍有差异。在花芽分化的温度敏感期，若遇到极端高温，容易产生畸形花（双雌蕊或多雌蕊）（图 8-2），从而产生畸形果（图 8-3）。花芽分化期若营养状况不良，会影响花芽分化，降低花芽质量，造成授粉受精不良，从而导致果实产量和品质下降。因此，必须加强水肥管理，提高光合效率，缓和营养生长，确保树体的营养供应，以促进花芽分化，提高花芽数量与质量。

开花与授粉特性：樱桃每个花芽一般有 1～5 朵花，当日平均气温达到 10 ℃左右时，花芽开始萌动；达到 15 ℃左右时，开始开花。同一品种，幼树、旺树花期晚，老树、弱树花期早。生产上，多数樱桃品种自花结实率极低或自花不

图 8-1　花芽开始分化

结实，建园时必须配置授粉树。适宜授粉树的配置需考虑以下 3 个方面：一是授粉亲和性好，基因型与所有的主栽品种都不完全相同；二是花期与主栽品种必须相遇；三是果实性状优良、早果性状好、丰产。桑提娜、甜心、艳阳、黑金等自花结实品种可单一品种建园。

图 8-2　畸形花

图 8-3　畸形果

果实发育特性：樱桃果实生长发育期较短，一般为 30～60 d，早熟品种一般在 30～40 d，中熟品种 50 d 左右，晚熟品种 60 d 左右。果实发育进程可分为第一速长期、硬核和胚发育期、第二次速长期（果实迅速膨大期）3 个时期。

第一速长期：从谢花后到硬核前，一般 10～15 d。该时期主要是子房细胞旺盛分裂、果柄维管束发育完善，是果实单果重增加的关键时期，表现为果实纵径生长量大于横径生长量，该阶段结束时果核长至果实成熟时大小，未木质化，呈白色，果实大小是采收时的 10%～25%。此期若授粉树配置不合理，或花期遇低温、多雨，或花芽质量差，或花期遇高温等，则授粉受精不良，造成落果。

硬核和胚发育期：一般 10～20 d（露地条件下）。此期果实纵、横径生长缓慢，果核由白色逐渐转为褐色，木质化并硬化，胚发育成熟、胚乳被吸收。这段时间单果重的实际增长量，占采收时果实大小的 10%以下。这一时期的长短决定果实成熟期的早晚。该时期是营养竞争的关键时期，应加强前期水分和养分的及时供应，否则容易引起黄化落果，也可以通过修剪减少花量、疏除晚茬花和晚茬果、谢花后调控浇水等措施，控制坐果量，节约营养消耗，减轻或避免黄化落果的发生。该阶段若肥水供应不足，容易造成落果；果实转白至成熟期，遇大雨或灌大水，极易引起裂果（图8-4）。

第二次速长期（果实迅速膨大期）：从硬核后至果实成熟，一般15～30 d。此期果实的增长量占采收时果实大小的70%～90%。该时期若水肥稳定供应，气候较冷凉，可使果实充分膨大；若遇高温（25 ℃左右）、缺水，果实则发育缓慢，提早成熟，果实不能达到品种固有的风味，颜色浅、果个小、糖度差。

图8-4 布鲁克斯裂果状

果实转白期若遇大雨、大水灌溉或气温骤降，极易引起裂果。因此，此期既要保证充足的水分供应，又要保持土壤湿度的相对稳定，还要增施速效性肥料。适时采收，果实成熟前1周，是果个膨大、甜度增加最明显的时期，过早、过晚采收都会影响果个和品质。

（一）花期管理技术

1. 预防晚霜冻害

气候变暖使果树的开花期普遍提前、霜冻已成为我国北方仅次于干旱的重大气象灾害，春季气温变化剧烈，霜冻害发生频繁，对樱桃生产造成很大威胁。樱桃为落叶果树中开花最早的树种，晚霜冻害（即花期冻害）是影响其安全生产的主要气象灾害之一。晚霜冻害是指在寒冷季节向温暖季节过渡时期，土壤表面或植物株冠附近的温度在短时间内下降至足以引起植物遭受灾害或死亡的低温的降温现象。我国樱桃主要产区山东、辽宁南部近年经常发生花期冻害，北京、山西南部、陕西铜川和甘肃天水也经常发生，江苏北部、河南等地也时有发生。晚霜冻害是引起樱桃大幅度减产主要原因之一。

(1) 霜冻的类型 根据形成的原因分为平流霜冻、辐射霜冻和平流辐射霜冻 3 种类型。

① 平流霜冻。由北方冷空气向南侵袭降温引起的霜冻，常出现在早春或晚秋，所到之处温度迅速降低，致使樱桃遭受低温危害。平流霜冻的强弱及范围受地理条件的影响较小，但与冷空气的强弱和影响范围密切相关。一般来说，平流霜冻范围较大，持续时间较长，危害也较严重。

② 辐射霜冻。指因夜间地面辐射放热，使地面和植物表面的温度下降到 0 ℃以下而形成的霜冻。也多在早春或晚秋出现，通常发生在辐射很强的晴朗无风的夜晚。出现辐射霜冻时，地表温度低于近地层空气温度。

③ 平流辐射霜冻。又称为混合霜冻，指北方冷空气入侵和夜间辐射冷却共同作用下形成的霜冻。通常是先有冷空气侵入、气温明显下降，到夜间天空转晴，地面有效辐射加强，地面温度进一步下降而发生霜冻。我国春秋季出现的霜冻多属于这种类型。

(2) 霜冻的危害机制 植物遭受霜冻危害的主要原因是低温冻结导致的细胞脱水，代谢过程被破坏，原生质结构受损伤以及细胞内冰块机械损伤。生物膜是植物细胞及细胞器与周围环境间的一个界面结构，低温胁迫直接损害膜结构，造成膜透性增大，细胞外渗物质增加，严重时导致植物死亡。一般霜冻后常常会出现急剧增温，使胞间冰晶迅速融化或蒸发，植株又会因失水而萎蔫。晚霜冻害对樱桃的危害主要表现为冻芽、冻花、冻果。

① 冻芽。萌芽时若花芽受冻较轻，柱头枯黑或雌蕊变褐；若受冻较重，花器死亡，但仍能抽生新叶；严重时，整个花芽冻死。

② 冻花。蕾期或花期受冻较轻时，只将雌蕊和花柱冻伤甚至冻死；受冻较重时，可将雄蕊冻死；严重时，花蕊干枯脱落。

③ 果实冻害。坐果期发生冻害，较轻时，使果实生长缓慢，果个小或畸形；受冻较重时，果实变褐，很快脱落。

（3）预防措施

① 建园位置。最好选择背风向阳（或半阴坡）、地势高、靠近大的水体、黏壤土或沙质黏壤土、肥水条件较好的地区建园，避开山谷、盆地和低洼地建园，这些地区霜冻往往较重。

② 选择抗冻品种。不同生育期对低温的耐受能力不同，樱桃花期受冻的临界温度为－2℃，在－2.2℃温度下半小时，花的受冻率10％；温度降至－3.9℃，冻害率达90％；在－4℃的温度下半小时，几乎100％的花受冻。其临界温度因开花物候期而异，一般是随着物候期的推移，耐低温能力逐渐减弱，樱桃在花蕾期的耐低温能力强于开花期和幼果期。因此，最好选择甜心、拉宾斯、早红宝石、萨姆、佐藤锦、艳阳、雷吉娜等抗寒力较强的品种。

③ 延迟萌芽开花期。萌芽开花期越早，遭受晚霜冻害的可能性就越大，损失也大。因此，要尽量选择在霜冻高发期过后萌芽开花的品种，如拉宾斯、萨米脱、斯太拉、甜心等。此外，还可以通过树干涂白、早春浇水等措施延迟萌芽期和花期。树干涂白可有效地减少树体对太阳辐射的吸收，降低树体温度，树干涂白或萌芽前枝干喷50倍的石灰乳，可推迟萌芽、开花3～5 d。发芽前果园灌水，萌芽后开花前再灌1～2次水，霜前灌水并喷0.5％蔗糖水，可延迟花期2～3 d。在萌芽前全树喷布萘乙酸甲盐（250～500 mg/kg）溶液或0.1％～0.2％青鲜素液可抑制芽的萌动，有效推迟花期3～5 d。

④ 培育健壮树体，增强树体抗寒力。维持健壮树势是做好晚霜冻害预防的基础。树势弱、花量大的树体，受害特别重；树势健壮、花量适中的树体受害轻。因此，必须通过合理负载、合理施肥浇水、科学修剪、综合病虫害防治等措施，增强树势和树体的营养水平，提高抗寒力。对花量大、树势弱的果园要及时疏花、疏果、加强肥水管理，增强树势。另外，丛枝形树体受冻害严重，纺锤形受害较轻，因此，在晚霜冻害发生较多的地区应采用纺锤形树形。

⑤ 改善果园小气候。

A. 熏烟法。熏烟是目前应用最为广泛的一种方法。在最低温度不低于－2℃时，果园内熏烟能使气温提高1～2℃。每667 m²

设置生烟堆至少 5～6 堆，应设在上风头，使烟布满全园。生烟堆高 1.5 m，底直径 1.5～1.7 m，堆草时直插或斜插几根粗木棍，堆完后抽出作透气孔。将易燃物由洞孔置于草堆内部，草堆外面覆 1 层湿草或湿泥，这样烟量足，且持续时间长。熏烟材料可用作物秸秆、杂草、落叶等能产生大量烟雾的易燃材料。发烟堆以暗火浓烟为宜，使烟雾弥漫整个果园。烟堆要在气温将要降至 0 ℃之前点燃，一直发烟至早晨日出。形成的烟幕在果园中形成一种"温室"，阻止地面放热。

B. 加热法。国外主要利用果园铺设加热管道，利用天然气加热，或利用煤油等加热的方法，提高果园温度，防御低温。我国山西省绛县在樱桃花期低温预防上实现了新突破，在花期－6.0 ℃以下低温仍可获得较高的经济效益。

具体做法：在樱桃园西北面用彩条布和玉米秸建起风障，在每株樱桃树下放置一个蜂窝煤的炉胆，采用便携式智能数控防霜报警仪监测温度的变化，当气温下降至 2 ℃时，防霜冻警报响起，果农用煤油喷灯点燃炉膛下层的玉米芯，玉米芯上加块蜂窝煤，一个人 1 h 可点燃 1 334 m² 樱桃园的蜂窝煤炉，在发生冻害的晚上，一个煤炉用 4 块蜂窝煤，每块蜂窝煤 0.25～0.30 元，按 2 个晚上计算，燃油和煤共需 2.2～2.6 元，只相当 0.1～0.2 kg 樱桃的费用；2 个蜂窝煤炉的炉胆（只需炉胆，不需外加炉壁）只需 1.5～2 元，可多年使用。

C. 吹风法。风机主要是针对辐射霜冻而采用的一种防霜方法。每个果园隔一定距离竖一高 10 m 左右的电杆，上面安装吹风机，霜冻来临前打开风机，将离地面约 20 m 的暖空气与近地面的冷空气进行置换，正常运转后能够使近地温度提高 3 ℃左右，提高树体周围气温，从而避免冻害发生。风机上装有温度及风速实时监测装置，并能够在温度达到设定值时自动启动。

D. 喷水法。春季多次高位喷水或地面灌水，降低土壤温度，可延迟开花 2～3 d。喷灌降低树体和土壤温度，可延迟开花 7 d 以上。根据天气预报，在霜冻发生前 1 d 灌水，提高土壤温度，增加热容量，夜间冷却时，热量能缓慢释放出来。浇水后增加果园空气湿度，遇冷时凝结成水珠，也会释放出潜在热量。因此，霜冻发生前，灌水可增温 2 ℃左右，有喷灌装置的果园，可在降霜时进行喷灌，无喷灌装置时可人工喷水，水遇冷凝结时可释放出热量，增加湿度，减轻冻害。

⑥ 架设防霜帐篷。对于霜冻发生严重的地区，可架设防霜帐篷进行防护。具体做法：在樱桃行间，每间隔 4 m 埋设 1 根石柱，石柱顶部比樱桃树高 20～30 cm，石柱间以竹竿、铁丝等作横梁。樱桃开花前 7 d 在上面覆盖塑料薄膜，四周用绳索拉紧，使樱桃园全园连成一体，或以 2 行为 1 个结构体。塑料薄膜仅覆盖樱桃园上方，四周不盖，以利通风，樱桃坐果后 2 周揭膜。可与避雨棚结合搭建使用。

(4) 霜冻后的救护 已经发生冻害的果园，应采取积极措施，将危害降低到最低限度。霜冻过后，在第一时间对产区樱桃花器官、幼叶、幼果、新梢等进行全面调查，全面评估霜冻的危害程度，针对实际受灾程度提出具体救护措施。

① 缓解霜冻危害。霜冻发生后，要及时对树冠喷水，可有效降低地温和树温，从而有效缓解霜冻的危害。

② 保花保果，促进坐果。樱桃树受晚霜危害后，喷施 1～2 次（间隔 5～7 d）200 倍的蔗糖＋600～800 倍天达 2116 含氨基酸水溶肥料＋30～40 mg/L 赤霉素＋杀菌剂，迅速补充树体营养，修复伤害，提高坐果率，促进幼果发育，减少病菌感染。充分利用晚茬花，采取人工授粉或壁蜂辅助授粉，喷钼酸钠（150 mg/L）、硼（0.3%）、尿素（0.3%），以提高坐果率，弥补一定产量损失。待受冻害的树体各器官恢复稳定后，及时进行修剪。剪掉严重不能自愈的枝叶和残果，疏除影响光照的密挤枝和徒长枝，新梢适时摘心，改善光照，节约养分，促进果实发育。霜冻危害严重、坐果少、长势旺的园片或单株，应控制旺长，稳定树势。

③ 加强土肥水综合管理，促进果实发育。霜冻发生后及时灌水，以利于根系对水分吸收，从而达到养根壮树的目的，使树体尽

快恢复生长。及时施用复合肥、硅钙镁钾肥、土壤调理肥、腐殖酸肥等，促进果实发育，增加单果重，挽回产量。加强土壤管理，促进根系和果实生长发育，以减轻灾害损失。

④ 加强病虫害防治。遭受晚霜冻害后，树体衰弱，抵抗力差，容易发生病虫害。因此，要注意加强病虫害综合防治，尽量减少因病虫害造成的产量和经济损失。

2. 保障授粉

（1）合理配置品种 除自花授粉品种可以单一栽培外，至少要栽培 3 个品种，以保证品种间相互授粉。大面积果园栽培品种要 5 个以上，而且成熟期要错开，以防采收时用工紧张。小面积果园可 3～4 个品种混栽，若栽 3 个品种，主栽品种与其他品种的比例为 4∶3∶3。大面积的果园可按照成熟期不同，以适当的栽培比例，栽植多个品种；主栽品种与授粉品种应分别成行栽植，便于采收。若授粉品种配置不当或数量不足，尤其是在设施栽培中，栽植授粉树偏少，可采取插挂花枝、高接花枝或授粉品种。

授粉品种除开花物候期与主栽品种相近外，其品种的基因型也要不同。比如，美早、红灯、岱红这 3 个品种不能互作授粉树。

（2）昆虫辅助授粉

蜜蜂授粉：樱桃初花期每 667 m^2 放养 2 箱蜜蜂，放蜂期间禁止喷施杀虫剂，以免药杀蜜蜂，影响授粉的效果。生产上，大棚樱桃放蜜蜂比放壁蜂的授粉效果好。

壁蜂授粉：生产中应用最多的是角额壁蜂（小豆蜂）。它具有春季活动早、活动温度低、适应性强、活泼好动、采花频率高、繁殖和释放方便等优点，是樱桃园访花授粉昆虫中的一个优良蜂种。一般在开花前 3 d，每 667 m^2 果园释放壁蜂 300～500 头。蜂箱离地面 45 cm 左右，箱口朝南（或东南），箱前 50 cm 处挖一条小沟或坑，备少量水，作为壁蜂的采土场。注意在放蜂前 10 d 内果园中停止使用农药。

（3）花粉营养液喷雾辅助授粉 利用蜜蜂快速采集樱桃授粉品

种的花粉。营养液配制过程为：在容器中用 15 kg 水将 10~15 g 樱桃授粉品种的花粉充分搅拌稀释，花粉完全分散水中后得到花粉水溶液；依次向花粉水溶液中对入 2％壳寡糖的有机水溶肥料 15~18 mL、以壳寡糖为螯合剂制成的多糖态硼肥 12~15 mL、双酶尿素或多肽尿素 35~40 g、白糖 75~90 g。

初花期至盛花期时喷施 2~4 次，每 1~3 d 喷施一次；喷施时间一般选择在晴天 10~14 时，此时水分蒸发快，同时又可以解决中午温度高、花器温度低的问题，延缓花柱老化，提高坐果率。

花粉营养液喷雾辅助授粉是一种省工、安全、高效的辅助授粉方法，将花粉配制成营养液，并通过喷雾设备进行喷施辅助授粉，使授粉的过程省时省力、高效安全，同时还能提高授粉受精概率，保障坐果、稳产和果品安全，而且花粉营养液不受大风、低温等天气影响，坐果率与传统的授粉技术相比提高了 2~5 倍，为樱桃生产和大田规模化优质丰产奠定了良好的基础。

3. 保障坐果技术

（1）培育优质叶丛花枝 优质叶丛花枝是指含有 5 片大叶以上的叶丛枝，加上基部 2 片小叶，共 7 片叶以上的叶丛枝，除顶芽为叶芽外，每片大叶的叶腋间都是花芽。生产中观察，优质花枝结果多且果个大；弱花枝结果少，果个也小。

生产中，为保障坐果、单果重及果实品质，多采用叶面追肥的方式补充营养供给，绝大多数在花期前后和果实发育期进行。生产中，可把叶面追肥的时期提前至上一年落叶前进行，为花芽的发育提供营养，进入休眠前形成饱满的花芽。主要是增加树体氮素营养和光合产物积累，为翌年的萌芽、开花、坐果、抽新梢提供充足的营养。果实采收后，喷 4~5 次杀菌剂，预防叶斑病，防止提早落叶。

果实采收后和 8 月中旬（烟台），及时疏除遮光的发育枝、密挤的大枝、三杈头或五杈头枝等，确保叶丛花枝的光照，培育贮藏营养充足的优质叶丛枝。

10 月中旬，叶面喷施 2 次生物氨基酸 300 倍液，间隔 10 d；

10 月下旬至 11 月上旬，喷 1％～2％尿素＋20～30 mg/kg 赤霉素，延迟叶片衰老，增强叶功能时间，提高树体的贮藏营养，培育饱满的花芽。保持树势中庸，树姿开张；通过捋枝、拧枝、拉枝等方式，培养芽眼饱满、枝条充实、缓势生长的发育枝，为翌年萌发优质叶丛花枝打好基础。

（2）修剪调控花量，减少营养消耗　樱桃花量大，败育花多，适当疏除，有利于集中营养供给，可显著提高坐果率并有利于果实膨大。美国 Whiting 和 Long 的试验结果显示，樱桃果叶比越大，果实品质越差。吉塞拉砧木嫁接的宾库樱桃成龄树上，生产优质樱桃果实的果叶比应为 1：（5～6）。

结合修剪，疏除或短截花枝从而疏花芽。花期易遇低温危害的地区不宜疏花芽，可改为疏花蕾，以保证坐果。疏花蕾一般在开花前进行，适宜时期以大蕾期为宜，将弱枝、过密枝、畸形花、较小的晚开花疏除。每花束状果枝上保留 4～5 个饱满花蕾，短果枝留 8～10 个花蕾。也可以每个花枝均进行疏蕾，每花芽留 1～3 朵健壮花。此方法不适于大面积进行，较费工。因此，应该在休眠期结合修剪剪除弱果枝，保留优质叶丛枝，并使花枝分布稀疏，集中营养供给。

樱桃花量大，花多，果多，传统疏花疏果费时费力，且果实发育期短。大面积种植时，传统疏花疏果技术可行程度不高。烟台市农业科学院开展了基于细长纺锤形疏花技术研究，结果表明，剪除结果主枝外围 1/3 长度时，结果数、单果重和单枝产量均最高（表 8-1）。

表 8-1　疏花量对果实品质和产量的影响

品种	处理	结果数（个）	单果重（g）	可溶性固形物（％）	单枝产量（g）
	剪除 1/2	24	7.66	23.21	183.8
9-19	剪除 1/3	69	8.17	22.96	563.6
	对照	45	7.50	22.87	337.4

（续）

品种	处理	结果数（个）	单果重（g）	可溶性固形物（%）	单枝产量（g）
福星	剪除 1/2	28	11.24	18.93	314.8
	剪除 1/3	63	12.88	19.57	811.1
	对照	42	10.97	18.65	460.7

(3) 叶面喷肥，补充营养 盛花期喷聚星硼 1 000 倍液，花蕾期和谢花末期，各喷 1 次 1 000 倍德国爱吉富或加拿大阿美滋等海藻酸类叶面肥。

(4) 适期浇水，调控坐果 露地栽培，优质果品生产应控制产量在每 667 m² 1 000～1 250 kg，最多不要超过 1 500 kg。谢花后浇水早晚影响树体坐果。试验证明，谢花后第一天浇水，可保住谢花时树体原果量的 80%左右，浇水每延迟 1 d，坐果量下降 10%～15%。因此，生产中应根据目标产量选择花后浇水时间，来调整树体坐果量。

(5) 喷施植物生长调节剂 研究证明，樱桃谢花后喷赤霉素可显著提高坐果率。国内研究发现，红灯花期喷 20mg/kg 的 6 - KT（6 -糖氨基嘌呤）和 30 mg/kg 的赤霉素，坐果率高达 56.9%，比单独施用赤霉素提高 6.8%，比自然坐果率提高 21.2%。赤霉素水溶液需现用现配，且浓度不宜过高，否则不利于花芽分化。

（二）果期管理技术

1. 增个提质技术

(1) 疏晚茬果 大多数樱桃品种开花时期不一致，花期一般在 7 d 左右，在不受晚霜危害的情况下，早茬果开花早、坐果早，果实发育好；晚茬果对营养的竞争力弱，易引起黄化落果。疏晚茬果可以减少营养消耗，促进早期果实的发育（图 8 - 5、图 8 - 6）。山东烟台市农业科学院研究发现，福晨疏晚茬果后，单果重和可溶性固形物含量分别提高了 0.88 g 和 0.49%。

图 8-5　疏果前　　　　　　　　图 8-6　疏果后

（2）**保持强壮树势**　智利等国家桑提娜等品种外围新梢长度在 50 cm 以上，果个大、品质好。山东烟台市农业科学院试验园中红灯、福金外围新梢长度在 40 cm 以上，果实横径达 3 cm 以上，单果重在 12 g 左右。要生产大果优质樱桃，树体外围新梢长度需达到 40~60 cm，其中美早、红灯等生长势强旺的品种外围新梢长度需达 40 cm，黑珍珠、拉宾斯等易丰产品种外围新梢长度需达 60 cm。

（3）**调控营养生长**　对于生长势旺的树，于 4 月上中旬（烟台），树干或主枝涂刷 1 次促花三抗宝，缓和营养生长；对于树势中庸和偏旺的树，5 月上旬，新梢长至 10~15 cm 时摘嫩心（摘心后 15 d 内不发芽），促进果树发育；对于生长势弱的树，冲施 1~2 次硅肥（每次每 667 m² 10~15 kg）或黄腐酸钾（每 667 m² 25 kg），恢复树势，再施入其他肥料。

（4）**追肥**　5 月上旬（烟台）叶面喷施水溶性氨基酸钙 600 倍液（或腐殖酸类含钛等多种微量元素的叶面肥、海藻酸类叶面肥），每 7~10 d 喷 1 次，连续喷 3~4 次，不仅能提高果实可溶性固形物含量，促进果色鲜艳、亮泽，还能增加果实硬度，减轻裂果。

果实发育期冲施 1~2 次硅肥（每 667 m² 10~15 kg），适当增加钾和铁（硫酸亚铁、黄腐酸铁，叶面喷氨基酸铁）营养的补充。硬核后的果实迅速膨大期，每 667 m² 随水喷灌或滴灌施入水溶肥

（17－8－32）20 kg、黄腐酸钾 25 kg。果实转白期，每 667 m² 冲施以色列产的 55％全水溶性肥料（17N－6P－32K＋TE）20 kg 和黄腐酸钾 25 kg，或每 667 m² 施用碳酸氢铵 30 kg、硝酸钾 10 kg，随水冲施 2 次。

（5）增加果实硬度 果实采前 3 周喷 1 次 18 mg/L GA₃，可极显著地提高果实可溶性固形物含量和果实硬度。

（6）降低夜间温度 在果实发育期，每天日落后通过喷井水来降低果园温度，减少果实夜间呼吸的养分消耗，增加光合产物积累，提高果实可溶性固形物含量。要求果园水利设施必须安装带状喷灌，而且水带上每排具有 5 个出水孔，以保证树盘喷水均匀。喷水高度，可通过控制出水阀门的数量进行调节。

（7）稳定土壤水分 果实迅速膨大期，每 7～10 d 喷灌 1 次，浇水深度以 20 cm 左右为宜；保持 10～40 cm 深土壤的含水量在 12％左右，防止土壤忽干忽湿。严禁大水漫灌，尤其禁止干旱时灌大水。

（8）减少畸形果

① 选择适宜的品种。不同的樱桃品种畸形果发生的程度不同，生产中，红灯、早大果、龙冠等品种的畸形果率较高。山东烟台地区，萨米脱、黑珍珠、拉宾斯、斯帕克里等畸形果发生率较低。

② 调节花芽分化敏感期的温度。在花芽分化的温度敏感期（山东烟台地区 7 月底 8 月初），若遇到极度高温，进行短期遮阴等措施以降低温度和太阳辐射强度，可以有效减少双雌蕊或多雌蕊花芽的发生，从而降低翌年畸形果的发生。另外，有喷灌设施的园片，可以通过喷水来降低高温时期果园区域小气候的温度。

③ 设施栽培。利用设施栽培或搭建遮阳网改变樱桃的花芽分化时期，避开夏季高温，从而降低畸形果的发生。

④ 及时摘除畸形花、畸形果。产生畸形果的花柱在花期也表现为畸形，雌蕊柱头常出现双柱头或多柱头。因此在樱桃花期、幼果期发现畸形花、畸形果，应及时摘除，节约树体营养，减少畸形果的发生。

（9）促进果实着色　在合理整形修剪、改善冠内通风透光的基础上，在果实着色期将遮挡果实的叶片摘除。果枝上的叶片不能摘叶过重。也可在果实着色期铺设反光膜，在树的两边各铺设一条反光膜，促进果实上色。在智利，雷尼品种铺设发光膜后，果面大部分上红色，果实甜度增加。

（10）适期采收　过早采收是目前樱桃生产中的通病。果农为提早上市，习惯早采，结果导致果个小、口味差、偏酸，达不到品种固有的大小和风味；采收过晚，果实体积虽然较大，但风味变淡，质地变软，甜度降低，失去固有的又脆又甜的风味。果实成熟前 7～10 d，是果个膨大、甜度增加最明显的时期，因此，适时采收是提高果实品质、保障果品优价的重要措施。

李芳东等研究表明，美早在烟台福山的适宜采收期为 6 月 10 日左右（小气候地方除外），与果农普遍在 6 月 3 日前后采收的美早相比，单果重增加 20% 以上，可溶性固形物达 18% 以上；此时果实的外观特征为：深红色至紫红色，纵径和横径增加明显、果肩隆起（图 8-7）、缝合线部位凸起明显（图 8-8）。如果近距离销售，在没有降雨的情况下，可适当延迟 1～3 d 采收。

图 8-7　果肩隆起　　　　　图 8-8　缝合线部位凸起

（三）预防裂果管理技术

樱桃裂果是各地樱桃生产中普遍存在的问题，是制约樱桃品质提升的主要因素。裂果的原因很复杂，由内部与外部诸多因素共同作用。一方面，果实通过维管系统和果皮吸收水分，导致体积膨胀并产生膨压；另一方面，控制细胞膨胀的机理和果皮的破裂应力决定了果实的裂果敏感性。

1. 裂果的影响因素

(1) 内在因素

① 品种对裂果的影响。裂果是由品种本身的基因型决定的，不同的基因型裂果程度不一样。

② 果实表皮结构对裂果的影响。裂果敏感性与果实大小和形状无关，与果皮结构和细胞生长发育状态有关。抗裂果品种果皮厚、韧性强，表皮细胞内壁较薄、下表皮细胞较大，单位面积表皮细胞数量较少。易裂果品种果皮薄、果肉细胞体积大、排列结构较松。果实表面气孔数量少、气孔增加速度慢，果顶表皮细胞短的品种裂果程度较轻。角质层越厚，抵抗外界不良环境的能力越强，抗裂性越强。

③ 果实内含物含量对裂果影响。与樱桃裂果相关的内含物主要包括内源激素、相关酶活性、膨胀素等。果实发育中后期，ABA 含量低、果皮的果胶甲酯酶活性高、果胶酶活性高、SOD 活性高的品种抗裂果，抗裂果品种中与细胞壁结合型的多酚氧化酶（PPO）、过氧化物酶（POD）活性明显偏低。膨胀素通常被认为具有使细胞壁多糖网络疏松的能力，促进细胞壁的伸展，进而起到抗裂果的作用。果实渗透压越高裂果越严重。

④ 果实发育阶段对裂果影响。裂果主要发生在果实第二次迅速生长期至成熟期间，即果实近成熟前的转白到着色期。待完全上色后裂果轻。

⑤ 不同树龄裂果情况不同。结果初期新梢生长旺盛，枝条易直立生长，负载量小，裂果率高；结果盛期，枝条易中庸平缓生长，树体负载量大的品种裂果轻。

裂果率因砧木不同而异，原因可能是根系与果实对水分的吸收量和吸收速度不同。

（2）外部因素

① 水分。水分变化是导致樱桃裂果的直接原因。雨水引起果实裂果主要通过 3 种途径：一是雨水直接接触果面，二是雨水形成的水雾接触果面，三是雨水进入土壤被根系吸收，运输到果实引起裂果。果实表皮或角质层直接吸收水分是导致裂果的直接原因。当果实表面水分增加时，水分渗透进入角质层，导致角质层与表皮细胞壁分离，当进一步吸水时，体积膨胀产生膨压，当膨压超过了果实的伸缩限度，内皮层细胞壁膨大并脱离下皮层细胞，同时表皮细胞的细胞壁降解，表皮细胞凋亡，最后在表皮细胞壁膨大区域产生肉眼不可见的微裂纹，微裂纹的产生不仅破坏了果皮结构，而且还是果实进一步吸水的主要途径，之后将导致微裂纹继续开裂，发生裂果。树体其他部位（枝条、叶片等）吸收水分均可加重裂果程度。引起土壤水分变化的因素主要包括降雨和不适时灌水（后者的裂果多发生在腰部，纵横裂纹都有），两者均可造成土壤中水分不均衡和果实表面水分剧变，引发裂果。

② 树体矿质营养。树体尤其是果实中矿质营养的含量与裂果关系密切。通常认为钙、钾、镁、硼等含量对裂果影响较大。对樱桃裂果影响最大的矿质元素是钙，钙对裂果的影响机理有两方面，一方面钙离子能作为磷脂中的磷酸与蛋白质羧基间连接的桥梁，增强细胞膜结构的稳定性，细胞内的钙离子还可作为"第二信使"通过钙调蛋白（CAM）调节酶的活性和细胞外离子环境，保证矿质元素和激素平衡，促进果实生长发育，提高抵抗力，减少裂果；另一方面，钙同时是细胞壁的重要组成部分，与果胶质结合形成钙盐，能够增强细胞壁的弹性和机械强度。缺钙后细胞壁厚，收缩性和稳定性均下降，抗裂能力降低，容易发生裂果。抗裂果品种成熟后期果肉钙离子含量呈稳定的上升趋势，而易裂品种呈下降趋势。

钾是生物体中多种酶的活化剂，能保持原生质胶体的理化性质，使细胞保持较高渗透压和膨压，促进细胞生长，保持不裂果。果实发育前期缺钾会导致裂果，果实发育后期钾浓度过高同样会导致裂果，原因可能是过量的钾离子使果皮粗厚，同时过量钾对钙离子产生颉颃作用，影响钙的吸收，果胶钙合成减少，诱发裂果。

硼、氮、镁等元素与裂果也有较大关系，果实生长后期硼、氮过量及镁含量偏低发生裂果较多。

③ 栽培管理不当。前期根外施肥少，后期为促进果实生长而大量进行根外施肥，造成果实前期生长缓慢，果实较小，而后期养分供给多，果个剧增，引发裂果。幼果期肥料供应不足，特别是有机肥，而果实发育后期施肥特别是施速效化肥偏多，也易裂果；多施用有机肥、配合复合肥、叶面喷肥，裂果较少。果实成熟期不适时大水漫灌，而排水不及时，则导致土壤水分剧增，引发裂果。

④ 环境因子。成熟期降雨是造成樱桃裂果的主要环境因素。此时，裂果多发生在果实的肩部，以横裂纹居多，雨水多的年份裂果比较严重，果实生长前期土壤过于干旱，土壤长期处于缺水状态下，果皮细胞和果肉细胞均停止生长，进入成熟期或近成熟期后，连续降水或遇暴雨，土壤含水量急剧增加，由于植株蒸腾作用，水分通过根系输送到果实，果实吸收水分后，使果肉细胞迅速膨大，果肉细胞恢复生长的速度较快且超过果皮的生长速度，再加上果肉吸水膨胀，当果实膨压增大到果皮及果肉细胞壁所能承受的压力上限时，果皮易胀裂，造成裂果。若短时间降雨，雨后果面能及时干燥，裂果一般较少。

不同的土壤质地裂果率不同。一般黏质土壤裂果重，沙质土壤的果园裂果较轻。

温度是影响裂果的因子之一。在果实成熟前期，温度过高或过低均可导致果皮细胞老化并停止生长，当温度恢复正常后，果肉细胞生长较快，会使老化的果皮胀裂，造成裂果。

裂果发生的程度与立地环境关系密切。同一个品种在不同的立地条件下发生裂果的程度差异明显。一般在山坡地、丘陵地、崖边等地势高、排水良好的条件下裂果发生较轻，在地势低洼、土质黏重及排水不良的果园裂果较重。

果园郁闭，空气流通不畅，树体周围的水分含量高，果实中水分蒸发慢，裂果较重。

裂果的位置,有时在梗洼处形成圆形裂纹,有时在果顶处形成一条短口,有时在果顶处形成不规则的几条裂缝。

⑤ 温度骤降引起果实收缩。虽然裂果主要在下雨的时候发生,但干旱的情况下也会发生裂果,因此有一种新的观点,认为裂果的发生并不是单纯由果实的膨胀引起的,主要是由果实收缩导致。因为在晴天,果实表面的温度会很高,甚至超过 40 ℃,可以高于气温 12 ℃以上。这个时候伴随着热量向果核内部传递,果实的体积增大,但是表皮和果肉的膨胀率不一致。果实表皮高温会导致表皮松弛,并且超过果肉的膨胀,因此要避免对表面造成任何压力。而降雨会导致过热的果实表面降温幅度达 10 ℃以上,由于热传导较慢,果肉的降温迟于果皮。在果实表面瞬间收缩的同时,果肉依然保持膨胀不变,导致果皮受到的压力比吸水造成的渗透压高得多,产生裂果。这个假说也可以解释在干燥的果实在气温骤降的情况下发生裂果的原因。如果这个假说成立的话,采取的措施应该是在预报有雨或剧烈降温前让果实保持低温。

2. 裂果防控技术

(1) 选择抗性品种与适宜砧木　选择抗裂果品种可以从根本上解决裂果问题。品种的抗裂果性一般表现在两个方面,一方面是由品种本身的遗传特性决定的,另一方面是其成熟期可以避开雨季、阴雨天等不良天气,避免采前裂果。极早熟品种,一般成熟前,没到雨季,因此,裂果较轻。在早熟品种中,福晨、早丰王、意大利早红、早生凡抗裂果能力较强,红丰、巨红、布鲁克斯裂果率比较高。在中熟品种中,砂蜜豆、黑珍珠、斯帕克里、拉宾斯、先峰抗裂果能力较强,而艳阳裂果率比较高。晚熟品种中红手球抗裂果,而晚红珠的裂果率比较高。此外,也要考虑选择抗裂果的砧木。

(2) 园地选择　选择地势较高、通透性较好的壤土或沙壤土建园,对土壤黏重的果园要加强土壤改良,改善土壤理化性质。在行间深翻扩穴,深耕覆土,掺沙改良、增加土壤的透气性和排水性能,避免积水。

（3）**起垄栽培** 应用高起垄与覆盖无纺布或地膜相结合，避免降雨遭受涝害。

（4）**保持相对稳定的土壤湿度** 适时适量灌水，及时排水，维持稳定适宜的土壤水分状况，尤其是保持花后土壤水分的稳定，是防止裂果的有效方法。使土壤含水量保持在田间最大持水量的 60%～80%，防止土壤忽干忽湿。干旱时，需要浇水，应小水勤浇，严禁大水漫灌。果园能应用喷灌，尤其微喷最好，既减少了人工成本，又提高了水分利用效率。没有条件的果园可采用根系分区交替灌水技术，既满足树体需水要求，又不至于使土壤水分过多。雨后要及时排水。

（5）**增施有机肥，叶面喷钙肥** 樱桃果实成熟早，从开花到果实成熟一般是 40～60 d，每年秋季施足有机肥，春季樱桃萌芽后开花前可少量施一次化肥，促进开花坐果，以后果实整个生长期靠有机肥平稳地提供营养，这样就可以降低裂果并能提高果实品质。

谢花后至采收前叶面喷施 600 倍的氨基酸钙或 600 倍的硼钙宝、氨钙宝 4 次，减轻樱桃裂果发生。

（6）**冠层通风透光** 根据选用树形树体大小，确定适宜的株行距，保证通风透光，使降雨时果实表面附着的水分快速蒸发，预防裂果的发生。

（7）**搭建避雨设施** 搭建避雨设施是目前解决露地樱桃裂果的有效措施，并且还具有预防早春霜冻害的作用。山东烟台市农业科学院研制出 6 种类型的简易避雨防霜棚。在小面积地块，建议采用四线拉帘式、三线拉帘式避雨防霜设施，该棚型成本低廉，操作简便；大面积地块，建议采用聚乙烯篷布、篷布收缩式、连栋塑料固定式避雨防霜设施，在保证效果的基础上，可降低成本。

① 四线拉帘式避雨防霜棚。四线拉帘式避雨防霜设施，主要材料包括钢管、钢绞线和防雨绸（图 8 - 9）。以钢管作避雨棚骨架，钢绞线作棚架之间连接衬托，防雨绸作覆盖物。每两行树搭建一个避雨棚，在两行之间每隔 15～20 m 设一根中间立柱，地下埋 50～60 cm，棚的高度依树高而定，棚顶离树顶保持 0.5～1 m 的空

间，中间立柱两边隔 4 m 左右各立一根立柱，高度较中间立柱低 1～1.2 m，形成一个坡度，防止雨天积水；用钢绞线作骨架的连接和衬托，中间立柱拉 2 根钢绞线，相隔 15～20 cm，两边立柱各拉 1 根钢绞线。斜梁上每隔 30 cm 左右在斜梁上、下各焊一排螺丝帽，串上钢丝作为防雨绸的托绳和压绳，压绳和托绳间隔排列，然后覆盖防雨绸，防雨绸两边有安全扣，直接挂在钢绞线上，可自由拉动。根据天气预报，在霜冻、降雨之前将防雨绸拉开，天气晴好时防雨绸收起。每 667 m² 成本费约 8 000 元（不计人工费）。

棚型特点：该棚型结构牢固，操作方便，省工省力。

图 8-9　四线拉帘式避雨防霜棚（山东烟台市农业科学院试验示范基地）

②聚乙烯篷布避雨棚。主要材料包括圆木、钢绞线、钢丝和聚乙烯篷布（图 8-10）。以圆木作避雨棚立柱及斜顶杆，钢绞线作树行内立柱之间的连接及挂覆盖物，聚乙烯篷布（透光率约为 80%）作覆盖物。一行树搭建一个避雨棚，各个避雨棚连成一个整体。在树行内每隔 8 m 左右设一根立柱，地下埋 50 cm 左右，棚高依树高而定，棚顶离树体保持 0.5～1 m 的空间。每行树的两端靠近立柱有斜顶杆，用钢绞线连接立柱顶端及斜顶杆，两端用地锚固定，通过滑杆螺丝将钢绞线拉紧，斜顶杆的高度比立柱低 1.1 m。立柱顶部纵向之间的连接用钢丝延伸到果园的两侧，并设斜顶杆和地锚。立柱纵向之间用钢丝连接，经过斜顶杆并固定在地锚上，架设高度比立柱顶端低 1.1 m。在每一行间架设两道水平钢丝，高度比立柱低 1.1 m，两道钢丝的距离 50 cm，钢丝的两端连接在地锚上，整个框架结构已形成。聚乙烯篷布中间及两边均有安全扣，需要时直接挂在钢绞线和行间钢丝上。若防早春霜冻和裂果，在开花

前挂上；若只为防裂果，可在果实转白前挂上，两端固定好，到果实采收后，将篷布收起存放。每 667 m² 成本费约 4 000 元（不计人工费）。

棚型特点：该棚型造价低廉，结构牢固，操作省工省力。搭建时，也可用水泥柱作为避雨棚骨架。一般在开花前覆盖聚乙烯篷布，到果实成熟后揭开，既可起到防霜的效果，又可防裂果。

图 8-10 聚乙烯篷布避雨棚（山东烟台市农业科学院试验示范基地）

③ 塑料固定式避雨防霜棚。主要材料包括水泥柱、竹竿、钢绞线和塑料薄膜；以水泥柱作为避雨棚骨架，竹竿作棚架之间衬托，钢绞线作竹竿间的连接，塑料薄膜作覆盖物（图 8-11）。

图 8-11 塑料固定式避雨防霜棚
A. 山东泰安市肥城坡庄试验示范基地　B. 山东烟台莱山千金村试验示范基地

每行树建一个避雨棚，在行向每隔 4 m 设一根中间立柱，地下埋 50～60 cm，棚的高度根据树高确定，棚顶离树体保持 0.5～1 m

的空间，距离立柱顶端 50～80 cm 横放一根 1 寸*钢管，作钢绞线的托架；然后用竹竿连接，每隔 1 m 左右一根竹竿，上面覆盖塑料薄膜、固定。一般在花期前覆盖塑料薄膜，果实收获后收起薄膜，可以起到防霜冻、防裂果的作用。每 667 m² 成本费约 3 000 元（不计人工费）。

棚型特点：该棚型搭建方便，成本较低，操作简单，但抗风效果较差。适用于矮化果园。

④ 三线拉帘式避雨防霜棚。主要材料包括圆木（或钢管）、钢绞线和防雨绸；以圆木（钢管）作避雨棚骨架，钢绞线作棚架之间连接衬托，防雨绸作覆盖物（图 8-12）。

图 8-12　三线拉帘式避雨防霜棚

A. 山东烟台莱山千金村试验示范基地　B. 山东烟台牟平区路西村试验示范基地

每行树建一个避雨棚，在树行内每隔 15～20 m 设一根中间立柱，地下埋 50～60 cm，棚的高度依树高而定，棚顶离树体保持 0.5～1 m 的空间，中间立柱两边隔 4 m 左右各立一根立柱，高度较中间立柱低 50～80 cm，形成一个坡度，防止雨天积水；用钢绞线作骨架的连接和衬托，中间立柱拉 1 根钢绞线，两边立柱各拉 1 根钢丝，然后覆盖防雨绸，防雨绸两边有安全扣，直接挂在钢绞线和钢丝上，可以自由拉动。晴天时可以将防雨绸收紧，绑在立柱上，雨天或霜冻前将防雨绸拉开固定。为使结构更牢固，也可用钢管或水泥柱作为避雨棚骨架。每 667 m² 成本费约 5 500 元（不计人

---

* 寸为非法定计量单位，1 寸≈3.33 cm。——编者注

工费)。

棚型特点：该棚型搭建方便，造价低，适于小面积果园；防雨绸老化较慢，一次投资可使用多年；结构牢固，较一线式操作方便，省时省工。

⑤篷布收缩式避雨防霜棚。主要材料包括钢管（水泥柱）、竹竿、篷布和尼龙绳；以钢管（水泥柱）作为避雨棚骨架，竹竿作棚架之间连接衬托，篷布作覆盖物（图8-13）。

图8-13　篷布收缩式避雨防霜棚
（山东烟台莱山千金村试验示范基地）

可建成单体棚，也可建成连栋棚。一般每两行树建一个拱，在两行之间每隔4 m设一根中间立柱，地下埋50～60 cm，棚的高度根据树高确定，棚顶离树体0.5～1 m，中间立柱两边每隔4 m左右各立一根立柱，高度较中间立柱低80～100 cm，形成一个坡度；然后用竹竿连接，竹竿间距80～100 cm，上面覆盖篷布，篷布沿行向上每隔1 m左右拴一根尼龙绳压住篷布，同时每隔10 m左右拴一根收缩绳。每667 m² 成本费约5 500元（不计人工费）。

棚型特点：该棚型搭建方便，成本较低，操作简单，省时省工，适于大面积果园；但篷布老化较防雨绸快。

⑥连栋塑料固定式避雨防霜棚。主要材料包括水泥柱、竹竿、钢绞线和塑料薄膜；以水泥柱作为避雨棚骨架，竹竿作棚架之间连接衬托，钢绞线作立柱间连接和竹竿托架，塑料薄膜作覆盖物（图8-14）。

每两行树建一个拱，在行向每隔4 m设一根中间立柱，地下埋50～60 cm，棚的高度根据树高确定，棚顶离树体保持0.5～1 m的空间，中间立柱两边隔4 m左右各立一根立柱，高度较中间立柱低

图 8-14　连栋塑料固定式避雨防霜棚
（山东烟台莱山区朱堡垕试验示范基地）

50～80 cm，形成一个坡度；然后用竹竿连接，每隔 1 m 左右一根竹竿，上面覆盖塑料薄膜、固定，每隔 20 m 左右，留一 20 cm 左右的通风口，作为减压阀减轻风压。一般在花期前覆盖塑料薄膜，到果实成熟后揭开，可以起到防霜冻、防裂果的作用。每 667 m² 成本费约 6 000 元（不计人工费）。

棚型特点：该棚型搭建方便，成本适中，抗风性较好，整个生长季不用揭膜，省工省力，较适合面积较大果园。

（四）预防鸟害管理技术

樱桃由于成熟早、果实色泽鲜艳、多汁，鸟类喜欢啄食，是遭受鸟害较重的果树之一，主要有花喜鹊、灰喜鹊、麻雀等。随着大量植树造林和人们环保意识的增强，这些鸟类的数量有了明显的增加。野生的鸟类受法律保护，不得射杀伤害，只能设法驱避。国内外果园驱鸟的方法主要有以下几种。

1. 人工驱鸟

在樱桃临近成熟时开始，在鸟类危害果实较严重的时间段，如清晨和黄昏，设专人驱鸟，及时把鸟驱赶至远离果园的地方，大约每隔 15 min 在果园中来回巡查、驱赶 1 次。

2. 置物驱鸟

在樱桃园中放置假人、假鹰（用多种颜色的鸡毛制成，绑缚于木杆上，随风摆动驱鸟），或在果园上空悬挂画有鹰、猫图像的气球或风筝，可短期内防止害鸟入侵。

3. 声音驱鸟

将鞭炮声、鹰叫声、敲打声以及鸟的惊叫、悲哀、恐惧和鸟类天敌的愤怒声等，用录音机录下来，在樱桃园内不定时地大音量播放，以随时驱鸟。音响设施应放置在果园的周边和鸟类的入口处，借风向和回声增大防鸟效果。

4. 架设反光设施和设备

（1）**铺反光膜** 果园地面铺盖反光膜，其反射的光线可使害鸟短期内不敢靠近树体，同时也利于果实着色。

（2）**挂防鸟彩带** 防鸟彩带由纤维性材料和塑料薄膜制成，长10～15 cm，宽5～10 cm，正反两面为紫红色或铝箔色，能反射出耀眼的光。使用时将两端拴在木桩上，使其随风飘舞，它便会在日、月、星、灯光的照射下，放射出奇异的彩色光束，使鸟产生惧怕而逃走。每公顷果园只需20卷彩带。成本低，简单易行，便于普及推广。

（3）**悬挂光盘** 收集外观未受损的、银面光亮无痕的光碟（光碟直径为12 cm）和单面或双面银色的废弃光盘。用尼龙绳从光碟的中心小孔中穿过，将靠近光碟一端的尼龙绳打结拴住光碟，提起尼龙绳的另一端。在樱桃树外围中上层东、西、南、北4个方位各选一个枝，将光碟的另一端拴在选定的枝上，一个枝上挂一个光碟。果实采收后，将光碟从树枝上取下回收，保存在干燥通风的地方，以备下一年重复利用。该方法经济环保、简便易行、持续防鸟效果好。

（4）**化学驱逐剂驱鸟** 在樱桃成熟期，在树冠上部悬挂配置好的驱鸟剂，缓慢持久地释放出一种影响禽鸟中枢系统的芳香气体，迫使鸟类到别处觅食而远离果园。也可喷洒无公害的食用香精氨茴酸甲酯，将氨茴酸甲酯与水按 1∶15 混合后，均匀喷洒到果实上，每 3 d 喷洒 1 次，并且雨后加喷 1 次，鸟类食用了喷洒过药物的樱桃果实后会感到恶心厌恶，从而达到驱鸟的目的。

(5) 防鸟网 架设防鸟网是既保护鸟类又防治鸟害最好的方法。对树体较矮、面积较小的果园，于樱桃开始着色时（鸟类危害），在果园上方 75～100 cm 处增设由 8～10 号铁丝纵横交织的网架，网架上铺设用尼龙或塑料丝制作的专用防鸟网（白色及红色丝网或纱网等，网孔应钻不进小鸟，网目以 4 cm×4 cm 或 7 cm×7 cm 为好）。网的周边垂至地面并用土压实，以防鸟类从侧面飞入。也可在树冠的两侧斜拉尼龙网。果实采收后可将防护网撤除。

九、整形与修剪技术

整形修剪是保证樱桃园高产优质栽培技术措施之一。它是根据樱桃生长发育的内在规律，结合生态环境情况，人为剪除部分枝干，迫使樱桃树改变原有的自然生长状态，从而达到持续高产、优质的目的，同时也便于果园采收管理。

（一）与整形修剪有关的生长发育特点

1. 顶端优势

处于枝条顶端的芽，萌芽力和成枝力均强于下部芽，且向下依次递减，这一现象称为顶端优势。在修剪樱桃时可依据这一特点，达到不同的修剪目的。如为了使树体生长势转旺，可多留旺枝，或在壮枝、壮芽处剪截，促发旺枝，或抬高弱枝枝角，增强枝势，促发旺枝。为了使树势缓和、提早结果，可多留水平和下垂枝，或开张旺枝角度，削弱其优势，促生短枝结果。樱桃幼树生长极性强，突出表现在外围发育枝无论短截还是不短截，其顶部均易抽生数条发育枝，形成二杈枝、三杈枝或四杈枝，甚至更多的长枝，其下多形成短枝，中枝很少。如果放任这种枝条生长，就会出现明显的顶端优势。由于顶端抽生大量长枝，消耗了大量养分，使下部枝逐渐枯死秃裸，所以，削弱幼树顶端优势、促发结果枝是修剪中极为重要的任务之一。

2. 芽的早熟性

在自然生长条件下，当年生新梢上的芽能抽生副梢，即为早熟。樱桃具有这一早熟特性。在幼树生长季节采用摘心、扭梢等夏剪方法，可促发二次枝，使其尽早进入结果期，达到早果丰产的目的。

3. 萌芽力、成枝力

一年生枝上芽的萌发能力，称为萌芽力。一年生枝上萌发芽抽生长枝的能力，称为成枝力。萌芽力、成枝力的强弱是确定不同修剪方法的重要依据之一。樱桃幼树的萌芽力和成枝力均强，生长量较大，扩冠迅速，结果早，进入盛果期就快。因此，整形修剪时，要充分利用这一特点，采用轻剪长放，以夏剪为主，促控结合，扩冠成型，促进花芽形成，早结果。而萌芽力高、成枝力弱的品种，需运用短截修剪方法，扩大树冠，增加结果面积。

4. 枝角

直立生长的枝条角度小，顶端优势强，往往生长过旺，不易成花。运用拉枝、拿梢等方法，开张枝条角度，使其水平生长，枝势缓和，有利于中、短枝的形成，成花容易。

樱桃幼树长枝角度小，易形成夹皮枝，这种夹皮枝应早期开角或疏除，否则，随着枝龄增长，结果过多时易劈裂，同时，夹皮枝极易出现流胶。由此，不宜选用夹皮枝作为骨主干来培养。

5. 品种类群

不同樱桃品种类型，其生长结果习性各具特点，对整形修剪的要求不同。干性强的，树形宜采用主干疏层形或纺锤形；干性弱的，树形宜采用丛状形。

樱桃以短果枝和长果枝结果为主，长果枝只有基部节间短缓部分的腋芽转化为花芽，其余上部的芽都为叶芽。另外，长果枝上花芽不如短果枝花芽充实饱满，因此，修剪上应争取多形成短枝。

樱桃是喜光性强的树种。在良好的光照条件下易成花，结果早，有利于丰产、稳产、优质。樱桃对光照要求高，在大枝密挤、外围枝量多、冠内通风透光条件差的情况下，内膛小枝和枝组易枯死，因此，减少外围枝量、缓和先端生长势、改善通风透光条件是提高樱桃树冠内枝条质量和延长其结果寿命的两条主要途径。生产中樱桃宜采用开心形整枝。

6. 树龄和树势

不同树龄的樱桃，其生长结果习性不同，修剪的方法和目的也有差异。幼树期，以整形为主，修剪的目的是增加枝叶量，迅速扩大树冠，促其及早成花结果；盛果期以结果为主，修剪的目的是缓和树势，培养结果枝组，增加结果面积，促进营养生长向生殖生长转化。对旺盛生长树，应轻剪缓放，缓和树势，促进结果枝形成；对生长势弱的树，应加强短截，局部促进其生长势，促进树体更加粗壮。

7. 栽培条件

立地条件和栽培方法不同，其修剪特点也有差异。立地条件差的果园，树体生长偏弱，宜采用低树干、小冠形整枝，并注意复壮修剪；立地条件好的果园，树体生长势较旺，宜采用大、中型树冠整枝，并适当轻剪缓放，促进早成花芽，早结果。栽植密度较大的果园，宜采用小冠型整枝，早期促进树冠的形成，随时采取促花修剪措施。对计划密植的果园，临时株与永久株易采取不同的修剪特点，修剪的目的是促使临时株早结果，永久株迅速成形，待永久株结果后，再间伐临时株。

（二）整形修剪的技术与方法

1. 整形修剪的主要原则

（1）因树修剪、随枝造型　树体生长发育具有一定的规律，而在栽培条件和人为条件的影响下，不宜采用一种模式进行修剪。要根据品种的生物学特性、不同的生长发育时期及树体具体情况，确定应该采用哪种修剪方法和修剪到什么程度，以达到最佳效果。

（2）统筹兼顾，合理安排　根据栽植密度选择适宜的树体骨架，既要长远规划，又要考虑实际，不宜片面追求某一个树形，要做到有形不死，无形不乱，灵活掌握。对具体植株或枝条灵活处理，建造一个符合丰产稳产树体的结构，做到主从分明、条理清楚，既不能影响早期产量，又要建造丰产树形，使生长与结果均衡合理。

（3）树枝开角，促进成花　枝条开张角度后枝势减弱，即营养生长向生殖生长转化，有利于提早成花。主要开张骨干枝角度，使树体长势中庸，有利于丰产稳产。夏季修剪可采用摘心、扭梢、拿梢、环割等措施，促进枝量的增加和花芽形成，提高早期产量。

（4）轻剪为主，轻重结合　櫻桃生长结果情况在年生长发育周期和整个生命周期中各有不同，修剪的目的和方法也有差异。因此，要根据櫻桃不同时期生长发育特点及树体的具体情况修剪，以轻剪为主，轻中有重，重中有轻，轻重结合，调节树体生长势，解决好生长与结果的关系，维持较长的经济结果年限，达到壮树、丰产优质的目的。

2. 不同类型树的整形特点

丰产优质的櫻桃树表现为树势中庸健壮，而树势过旺、过弱和失衡均能造成产量减少、品质下降，由此，首先采用修剪技术加以控制生长势。

强旺树应采取缓势修剪措施，适当加大各骨干枝角度，将辅养枝及其余枝条拉至水平，也可将部分竞争枝拉下垂或从旺枝基部扭伤；对大枝可采用疏除或缓放的方法，首先对中上部密挤大枝分期分批疏除，但一次疏除不宜过多，因为去枝留下的伤口多数愈合困难，易出现严重流胶现象，因此，疏除大枝应特别谨慎，对能保留的大枝可进行缓放或去顶，结合疏除减少其上长枝数量。另外，利用刻芽或环割，促进花芽形成，尽早结果，以果压势。

弱树应采用助势修剪方法，各主干枝开张角度不宜过大，应多留枝，特别是多留长枝。长枝以轻、中短截为主，抬高枝角，增强枝势。另外，注意尽量少留伤口，少留果，以便恢复树体生长势。

上强下弱树由于中央领导干每年留壮芽、壮枝带头，上部枝条长势明显优于下部枝条，上升过快；一层主枝短截过重或疏枝过多，枝叶量少，限制长势及树冠扩展；下层主枝开角过大、结果多；中干中上部出现过多、过大辅养枝，疏枝不及时，造成上部骨干枝过密，影响下层枝长势。修剪上疏除中干中上部的过密、过旺枝，留弱枝当头，其余枝拉平缓势，下层主枝延长枝中截，多短截，增强生长势。

下强上弱树，修剪下抑上促，下层主枝选弱势枝当头，疏除或极重短截旺枝，并开张主枝角度，辅以环割或扭伤，抑制下层主枝生长势，上部枝采用中截方法，加快增加枝叶量，增强生长势。

外强内弱树，修剪上首先要调整好主、侧枝角度，疏除树冠外围过密旺枝和多年生密挤大枝，增加内膛光照强度，增强内膛枝生长势；对于上旺枝可采用环割促花控长方法，或极重短截培养枝组；内膛细弱枝留壮芽短截，增强生长势。

樱桃树的修剪还应注意以下两点：一是修剪期越晚越好，最好在春季萌芽前进行休眠期修剪。若修剪过早，伤口易流胶，影响树体生长。二是重视疏枝方法。疏除大枝时，锯口要平、小，不留枝桩，以利尽快愈合；疏除过密一年生枝时，由于樱桃一年生枝基部腋芽为花芽，因此，可先在基部腋花芽以上短截，待结果后再疏除。

3. 不同树龄时期的整形修剪技术

(1) 幼龄树 樱桃幼树修剪的主要任务是，依据丰产树形的树体结构特点和植株的具体情况，达到选好骨干枝、促进幼树发育、提早结果的目的。

定植后当年的修剪特点：苗木定植第一年，要经历一个"缓苗期"，长势一般不很旺盛。根据整形的要求，进行定干，并选留好第一层主枝。

定干高度要根据种类、品种特性、苗木生长状况、立地条件及整形要求等确定。一般成枝力强、树冠开张的种类和品种或在平地、沙地条件下，定干 1～1.2 m；成枝力弱、树冠较直立的种类和品种或在山丘地条件下，定干高度可稍低，60～80 cm。定干后，一般可以抽生 3～5 个长枝。冬季修剪时，要根据发枝情况选留主枝。留作主枝，剪留长度 40～50 cm。

第二年的修剪特点：经过一年"缓苗"之后，定植后二年幼树，一般可以恢复生长，并开始旺盛生长。应采用夏季修剪的技术措施控制新梢旺长，增加分枝级次，促进树冠扩大。通过休眠期修剪，继续选留、培养好第一层主枝，开始选留第二层主枝和第一层主枝上的侧枝。

夏季修剪的具体方法是，当新梢生长达到 20 cm 左右时，用手掐去部分嫩梢，使新梢加长生长暂趋停顿，促进侧芽萌发抽枝。如果新梢加长生长仍很旺盛，可每隔 20～25 cm 连续摘心几次。

冬季修剪要根据幼树的生长情况灵活运用。如果第一年已选足了第一层主枝，并且经过第二年生长期摘心分枝较多时，培养自然开心形的，即可在离主枝基部 60 cm 的部位，选择 1～2 个方位角度适宜的枝条，培养为一、二侧枝；培养主干疏层形的，可在中央领导干上离第一层主枝 70～80 cm 的部位，选留 1～2 个方位角度适宜的枝条，作为第二层主枝；并在第一层主枝上，离基部60 cm 左右的部位，选留好 1～2 个侧芽。

不管是哪种树形，主枝的修剪长度一般为 40～50 cm，侧枝的修剪长度 40 cm 左右。摘心分枝较多的，可在侧枝上选留副侧枝，剪留长度 30 cm 左右。树冠中的其余枝条，斜生、中庸的可缓放或轻短截，长势过旺并与骨干枝相竞争的，可视情况疏除或重短截。

（2）初结果树 无论采用哪一种树形，樱桃 3～5 年，就可进入初结果期。此期修剪的主要任务是继续完成树冠整形、增加枝量、培养结果枝组、平衡树势、为过渡到盛果期创造条件。

① 继续扩大树冠，完成树冠整形。进入初果期的幼龄树，由于苗木标准及采用树形等的不同，树形形成有早有晚。对于仍未完

成树冠整形的树，要继续通过适度剪截中央领导干和主枝延长枝，选择适当部位的侧芽进行刻芽促萌，培养新的侧枝或主枝；对于树体高度已达理想标准的树，可以在顶部一个主枝或顶部一个侧生分枝上落头开心；对于角度偏小或过大的骨干枝，仍需要拉枝开角，调整到应有角度；对于整形期间选留不当、过多过密的大枝及骨干背上大枝，应及时疏除，以便将树体调整到合理结构，完成树冠的整形工作。在树冠覆盖率尚未达到 75% 左右时，仍然需要短截延伸，扩大树冠，占用空间。同时，将已经达到树冠体积的树，控势促花芽，增加结果面积和花芽量。在扩冠的基础上，稳定树势，为高产优质创造条件。

② 培养结果枝组。樱桃结果枝组可分为鞭杆型枝组、紧凑型枝组和大、中、小型结果枝组。

A. 鞭杆型枝组的培养。鞭杆型枝组长度一般在 1 m 以上，径粗在 2 cm 以上。其上着生各类结果枝组和小型枝组，分布越多，产量越高。这类枝组多由强弱不等、部位适宜的发育枝，经连年甩放或轻打头培养而成。其先端分枝采用强摘心控制或疏除，使中下部多数短枝在缓放的第二年形成花束状果枝或短果枝。培养这类枝组，要注意加大分枝角度和改善光照条件。由于这类枝组更新难，主要依靠维持修剪，使大量的多年生花束状果枝和短果枝生长健壮，提高坐果率，延长结果期限。

B. 紧凑型结果枝组的培养。对背上旺枝用极重短截法培养成紧凑型结果枝组。45～60 cm 的中庸枝采用先甩放后回缩的方法培养紧凑型结果枝组。

C. 大型结果枝组的培养。一是对生长较旺的发育枝先甩放 1～2 年，使枝条的生长势得到缓和，再进行收缩，确定枝轴长度；二是对骨干枝背上直立枝采用重短截培养大型结果枝组。

D. 中、小型结果枝组的培养。对长度 40 cm 左右的中弱枝，多数只能培养成中、小型枝组。方法是先修剪后缓放，然后再回缩。

③ 均衡树势。樱桃在初结果期也需要平衡好各级骨干枝生长

势力，理顺从属关系，即中干的生长要强于主枝，主枝要强于侧枝，下部主枝要强于上部主枝，同层主枝之间生长势要均衡。维持树体各级骨干枝位置和生长势，是保证丰产稳产的基础。但生产中易出现各种不平衡现象，这就要求在修剪上抑强扶弱、促其平衡。

（3）盛果期果树　在正常管理条件下，经过 2～3 年的初果期，即可进入盛果期。但进入盛果期之后，生长势开始衰弱。此期修剪的任务是保持健壮的树势，通过修剪和加强管理，调节好生长和结果的关系，达到年年高产、稳产和优质的目的。

盛果期樱桃壮树的指标是：外围新梢长度为 30 cm 左右，枝条粗壮，芽体充实饱满；大多数花束状果枝或短果枝具有 6～9 片莲座状叶片，叶片厚，叶面积大，花芽充实；树体长势均匀，无局部旺长或衰弱现象。

盛果期大量结果以后，随着树龄的增长，树势和结果枝组逐渐变弱，结果部位外移。应采取回缩和更新措施，促使花束状果枝向中、长果枝转化，以维持树体长势中庸和结果枝组的连续结果能力。对鞭杆枝组采用缩放手法进行更新。当枝轴上多年生花束状果枝和短果枝叶数减少、花芽变小，则应及时回缩，选偏弱枝带头，维持和巩固中、后部的结果枝，但不可重回缩，以免减少结果部位，降低结果能力。当枝轴上各类结果枝正常时，可选用中庸枝带头，已保持稳定的枝叶量。对中、小型结果枝组，要根据其中、下部结果枝的结果能力，可在枝组的先端的二至三年生枝段处回缩，促生分枝，增强长势，增加中、长果枝和混合枝的比例，维持和复壮结果枝组的生长结果能力。特别要注意的是，维持和更新结果枝组生长结果能力，不能单独依靠枝组本身的修剪，还要考虑调节和维持其所着生的骨干枝的长势。当结果枝组长势衰弱、结果能力下降时，其所着生的骨干枝延长枝应选弱枝延伸，或轻回缩到一个偏弱的中庸枝带头；当结果枝结果能力强时，其着生的骨干枝延长枝宜选留壮枝继续延伸。

对进入盛果期的树，修剪上一定注意甩放和回缩要适度，做到回缩不旺、甩放不弱，这样才能达到结果枝组结果多、质量好、丰产优质的目的。

（4）衰老期树　樱桃从大量结果开始，大约经过 15 年的时间，因多数结果枝枝轴的延伸，结果部位远离母枝，生长结果能力明显减弱，而进入衰老期，树势明显衰弱，果实产量和质量下降，应及时进行更新。修剪的任务是更新树冠和培养新枝，从中选留一些方向适当的枝芽，通过培养重新恢复树冠骨架。

更新时主要处理密挤大枝，并在内膛光秃带培养结果枝。需更新的大枝，最好是分期分批进行，以免一次疏除大枝过多，削弱树冠的更新能力。在更新大枝的同时，若其上着生较旺的侧生枝，也可在此侧生枝上端更新，以后培养为主枝。衰老树的内膛大都光秃，可将树冠内膛徒长枝培养成大枝或结果枝，这就必须进行重短截，削弱其生长势，促进分枝，尽早形成结果枝。更新的时间以早春萌芽前进行为好。如果仅骨干枝上部衰弱，中、下部有较强的分枝时，也可回缩至较强分枝上进行更新，使树势尽快恢复。

放任生长的樱桃树，树无定形、结构紊乱，树冠直立、角度不开张，大枝多、外围枝头密挤、成花晚、花芽质量差、产量低。因此，应该采用因树修剪，随枝作形，疏枝、开角相结合的办法，迅速加以改造和调整，建造一个壮树、高产、优质的树体结构。

对于自地面就有较多大枝且无主干的树，可以改造成丛状自然形。选择方位适宜、长度比较一致的 4～5 个大枝，用拉枝开角的方法，把角度调整到 30°～40°。每个主枝上选留向冠外方向生长的侧枝 5～6 个，把角度开张到 70°～80°。对于有主干而无明显中干、树冠基部有较多大枝的树，可以改造成自然开心形，改造方法如上。对于有比较明显中干的树，如树龄尚小、枝条角度大、开张还比较容易的，可改造成改良主干形；如树龄稍大、枝条角度大、开张有困难的，可以改造成类似苹果树的主干疏层形或三主枝改良纺锤形。

疏除大枝要慎重进行，可分期分批疏除，一般 2～3 年处理完毕。首先疏除严重扰乱树形的大枝，如丛状自然形或自然开心形选留主枝后的多余大枝，由竞争枝发展起来的"双（主）干枝"等。

其次是疏缩一部分轮生枝、丛状自然形或自然开心形主枝上的大内向枝，以及改良主干形中干上的过多过密大枝。疏除轮生枝时，可以采用"疏一缩一"法，避免对口疏枝。疏枝后第二年，在疏枝及其以下部位，可能由不定芽或隐萌芽发出一部分枝，在有空间处应及时摘心控制，培养分枝形成结果枝组；无空间处应及时抹掉。对其余可能反旺的枝条，也应通过夏剪，及时调整控制。

开张大枝角度时，要以拉枝为主，并以绳索固定，用铁丝拴住大枝条的 1/3 或 1/2 处，着力点用废胶管、硬纸板等物衬垫，防止损伤皮层，下端用木桩固定在地下，把大枝向下拉至整形所需角度，防止角度返上。个别长势强、枝较粗、拉枝开角有困难的大枝，也可以使用大枝基部背面"连三锯"的方法开角，忌用背后枝换头。对外围枝头要疏缩多分头枝，实行"清头"。

经过清理大枝、开角、疏枝，改善了冠内光照条件，缓和了外围极性，内膛短枝、花束状果枝、叶丛枝得到了保护。在此基础上全树轻剪缓放，就可以很快形成大量的优质结果枝，为丰产创造条件。

4. 修剪时期及方法

樱桃的整形修剪尽管也可分为冬季修剪和夏季修剪两个时期，但是若樱桃在冬季修剪，一般于落叶后和萌芽前这段时间，容易造成剪口干缩，出现流胶现象，消耗大量水分和养分，甚至引起大枝的死亡，因此，樱桃的冬季修剪最佳时期宜在树液流动之后至萌芽前这段时期，这一时期的主要修剪方法有短截、缓放、疏剪等。

（1）夏季修剪　樱桃的修剪任务主要在夏季完成，夏季修剪又称为生长期修剪，该期修剪一是剪口容易愈合不易枯死，二是夏剪矮化了树体，稳定了树势，可以更有效地利用空间；三是由于树体过旺，生长受到了抑制，因而消灭了由轮枝孢属真菌所引起的枯萎病，并抑制了在幼树休眠期危害树体的流胶病；四是增加了枝叶量，促进了花芽的形成，提早结果。夏季修剪方法主要有摘心、扭梢、拿梢、拉枝、短截等。夏季修剪主要是在幼树上应用，待树体进入满冠时期即可停止使用。

① 刻芽。在芽或叶丛枝上方横切一刀，深达木质部，其长度超过芽盘宽度，促生枝梢。刻芽多在萌芽前树液流动后进行。刻芽的作用是提高侧芽或叶丛枝的萌发质量，增加中、长枝的比例，有利于防止光秃。刻芽仅限于在幼旺树和强旺枝上进行。为了整形需要，只在需要发枝的部位选芽质好的侧芽或叶丛枝进行刻芽。刻芽早、刻得深，一般发枝强；刻芽晚、刻得轻，则发枝弱，可根据需要来确定。另外，刻伤部位应在上方 0.5 cm 处，这样抽出的枝开角较大，否则，易抽生夹皮枝。

② 拉枝。拉枝即是开张枝条或主枝基角，有利于削弱顶端优势，缓和树势或枝势，增加短枝量，促进花芽形成，另外，改善树冠内膛光照条件，防止结果部位外移。由于樱桃幼树生长旺盛，主枝基角小，枝条直立，需拉枝开角。

拉枝应提早进行，有利于早形成结果枝。拉枝的时期一般在春季树液开始流动之后进行，也可在采收后进行。由于樱桃分枝角度小，拉枝很容易劈裂使分枝处受伤流胶，拉枝前用手摇晃大枝基部使之软化，避免劈裂，也易开角。拉枝时，应注意调节主枝在树冠空间的位置，使之分布均匀，辅养枝拉枝应防止重叠、合理利用树体空间。

③ 摘心。是在新梢木质化以前，摘除或剪掉新梢先端部分。摘心主要用于增加幼树或旺树的枝量或整形。通过摘心可以控制新梢旺长，增加分枝级次和枝叶量，加速扩大树冠，促进营养生长向生殖生长转化，促生花芽，有利于幼树早结果，并减轻冬季修剪量。

摘心可分为早期摘心和生长旺季摘心两种。早期摘心一般在花后 7～8 d 进行。将幼嫩新梢保留 10 cm 左右，进行摘除。摘心后，除顶端发生 1 条中枝外，其余各芽可形成短枝和腋花芽，主要用于控制树冠和培养小型结果枝组。早期摘心，可以减少幼果发育与新梢生长对养分的竞争，提高坐果率。生长旺季摘心一般在 5 月下旬至 7 月下旬以前进行。将旺梢留 30～35 cm，余下部分摘除，以增加枝量。幼旺树连续摘心能促进短枝形成，提早结果，树势旺时，可连续摘心，7月下旬以后摘心，发出的新梢多不充实，易受冻害或抽干。

④ 扭梢。当新梢半木质化时，于基部4～5片叶处轻轻扭转90°并伤及木质部，使新梢下垂或水平生长。主要应用于中庸枝和旺枝。扭梢时间可在5月底至6月初进行。扭梢后阻碍了叶片光合产物的向下运输和水分、无机养分向上运输，减少枝条顶端的生长量，相对的增强枝条下部的优势，使下部营养充足，有利于花芽形成。扭梢时间要把握好，扭梢过早，新梢嫩，易折断；扭梢过晚，新梢已木质化且硬脆，不易扭曲，用力过大易折断。

⑤ 拿梢。用手对旺梢自基部至顶端逐渐捋拿。伤及木质部而不折断的操作方法。拿梢时间一般自采收后至7月底以前进行。其作用是缓和旺梢生长势、增加枝叶量、促进花芽形成，还可调整二至三年生幼龄树骨干枝的方位和角度。

（2）冬季修剪 樱桃冬季修剪的方法比较多，主要有短截、缓放、回缩、疏枝等。

① 短截。剪去一年生枝梢的一部分的修剪方法。依据短截程度，可分为轻短截、中短截、重短截、极重短截4种。

A. 轻短截。剪去枝条的1/4～1/3，留枝长度在50 cm以上。其枝的特点是成枝数量多，一般平均抽生枝条数量在3个左右。轻短截削弱了枝条的顶端优势，缓和了顶端枝条的生长优势，增加了短枝数量，上部枝易转化为中、长果枝和混合枝。在幼龄树上对水平枝和斜生枝进行轻短截，有利于提早结果。

B. 中短截。剪去枝条的1/2，留枝长度为45～50 cm。特点是有利于维持顶端优势，一般成枝力强于轻短截和重短截；新梢生长健壮，平均成枝量在4个左右，最多的达5个。中短截后，抽枝数量多，成枝力强，因此，幼树枝条短截时间过长，短截枝量过多，必然影响树冠的通透性，出现修剪年限长、结果晚的现象。中短截主要用于骨干枝（如主、侧枝延长枝）的短截，扩大树冠，还可用于中、长结果枝组的培养。

C. 重短截。剪去枝条全长 2/3 以上，留枝长度约为 35 cm。其特点是能够加强顶端优势，促进新梢生长；成枝数量少，成枝力较弱，平均成枝数 2 个左右；在幼树整形过程中起到平衡树势的作用；可利用背上枝培养结果枝组。平衡树势时，对长势壮旺的骨干枝延长枝进行重短截，能减少总的生长量，骨干枝背上培养结果枝组时，第一年重短截，翌年对抽生出的中、长枝采用去强留弱、去直留斜的方法培养结果枝组。

D. 极重短截。剪去枝条的 4/5 以上，留基部 5～6 个芽。极重短截在樱桃结果树上极少应用，只在准备疏除的一年生枝上应用。对要疏除的枝条，若基部有腋花芽，可采用极重短截，待结果后再疏除；基部无花芽而极重短截，可培养花束状结果枝组，也可控制过旺树体。在幼树期采用纺锤形整形过程中，为了增加干/枝粗度比值，培养理想树形，一般采用极重短截，对中干上萌发的一年生枝条留 3～5 芽极重短截，培养枝轴较细的结果母枝和增加结果母枝的数量。总之，短截修剪可加强新梢长势，增加长枝比例，延缓花芽形成。

② 缓放。对一年生枝不进行短截，任其自然生长的修剪方法。缓放与短截的作用效果正好相反，主要是缓和枝势、树势，调节枝叶量，增加结果枝和花芽数量。当然，枝条缓放后的具体反应，常因枝条的长势、着生部位和生长方向而有差异。生长势强、着生部位优越、直立的枝条，经缓放，尤其是连年缓放后，加粗生长量大，花束状果枝多；而长势中庸的水平、斜生枝条，缓放后加粗生长量小，枝量增加快，枝条密度大，且花束状果枝较健壮，在缓放枝上的分布也比较均匀。

在樱桃幼树和初果期树上，适当缓放中庸斜生枝条是增加枝量、减缓长势、早成、多成花束状果枝、争取提早结果和早期丰产的有效措施之一。在缓放直立竞争枝时，由于枝条加粗快，易扰乱树形，使下部短枝枯死、结果部位易外移。因此，缓放这类枝条时应与拉枝开角、减少先端的长枝数量相配合。

③ 回缩。剪去或锯去多年生枝的一部分，又称缩剪。适当回

缩能促使剪口下潜伏芽萌发枝条，恢复树势，调节各种类型的结果枝比例。对结果枝组和结果枝进行回缩修剪，可以使保留下来的枝芽具有较多的水分和养分，有利于壮势和促花。缩剪适宜，结果适量，则可保持树势中庸健壮，而无目的的回缩易影响产量和质量。

④ 疏枝。一年生枝或多年生枝从基部剪除。疏枝主要用于树冠外围过旺、过密或扰乱树形的大枝。疏枝有利于改善树冠内膛光照条件，均衡树势，减少营养消耗，促进花芽形成。在整形期间，为减少冬季修剪时的疏枝量，生长季应加强抹芽、摘心、扭梢等措施。对于一定要疏除的大枝，一般于采果后进行疏剪。对多数品种来说，疏枝应用极少，原因是樱桃疏枝出现伤口后，愈合慢，在各个生长时期均易引起流胶，造成幼树生长衰弱，盛果树早死；幼树疏剪枝条过多，成形慢，枝量少，盛果期单株产量低。因此，不宜一次疏除过多，要分期、分批进行。

（三）适宜丰产树形

1. 自由纺锤形

（1）树体结构特点　中干直立粗壮，树高 3 m 左右，干高 50～60 cm，中干上着生 25～30 个近水平单轴延伸的骨干枝，骨干枝粗度控制在 5 cm 以下。该树形骨干枝数量多（大约是苹果自由纺锤形的 2 倍），有利于骨干枝粗度的控制。基层发育枝极重短截，重新培养骨干枝，有利于基部冠径的控制，株行距 3 m×4 m 的园区能保持一定的行距。中下部骨干枝多，上部骨干枝少，利于通风透光。通过抹芽和刻芽措施，使骨干枝间没有明显的分层，树体结构紧凑，空间利用充分。低干矮冠便于修剪和采收，树体抗风力强。

（2）整形修剪技术

① 第一年春季。苗木定植后留 70～80 cm 定干，剪口离第一芽不要太近，然后涂抹白乳胶或果树愈合剂，以防风干剪口。抹除第一芽下的 2～5 个芽。再向下选 3～4 个不同方位的芽进行刻芽或

涂抹抽枝宝或发枝素之类的激素，促发分枝。

②第二年早春。对中心领导枝留 50～60 cm 短截，并对其下部芽眼进行部分刻芽或涂抹抽枝宝，促发新梢。对基层枝留 3～5 芽极重短截，促发分枝，培养枝龄较其着生的中心干晚一年的单轴延伸枝。基层枝极重短截后，每个可萌发 2～3 个新梢（即将来的 2～3 个单轴延伸枝）。第二年 5 月下旬至 6 月上旬，对中央领导枝剪口下萌发的强旺新梢，除第一新梢外，其他强旺新梢留 15 cm 左右短截，促发分枝，并削弱其与中心延长新梢的竞争力。第二年 9 月下旬至 10 月上旬，待新梢生长势减弱、并有快停长的趋势时，除中心延长新梢外，其余新梢采取扦拉的方式拉平。

③第三年早春。对中心领导枝继续留 60 cm 左右短截，并对其下部分芽眼进行刻芽或涂抹抽枝宝，促发新梢。第三年 5 月，对于拉成水平的枝条背上萌发的直立新梢，及早疏除。另外，水平枝条甩放后，梢端易萌发 3～5 个"五杈头"新梢，除选 1 个新梢继续作延长头外，其余"五杈头"新梢从基部疏除。

④第四年早春。对中央领导干继续短截，其余枝拉平甩放，促其成花。使树高在 2.5～3 m 范围内，最上留 1 枝拉平当作单轴延伸枝，使树头形成平顶。

2. 细长纺锤形

（1）标准化树体结构指标 树高 2.8 m 左右，干高 0.7 m，骨干枝数＞30 个，骨干枝角度＞90°，每 667 m² 枝量 28 000 条左右。该树形树体成形快、早丰性强，适于密植栽培。骨干枝数量多，有利于骨干枝枝粗控制，减少木材生长。骨干枝呈微下垂状态，利于控冠，便于果园小型机械行走。通过将枝或按压方式开张骨干枝角度，节省大量木橛和拉绳，省时省力，而且便于机械操作。

（2）整形修剪技术 春季或秋季采取高度 1.5 m 以上优质苗木栽植建园，栽植株行距 2 m×4 m。

①第一年管理要点。培养健壮强旺的中心领导枝。早春苗木栽植后留 1.1～1.2 m 定干，剪口离第一芽距离 1 cm 左右，剪口涂

抹猪油或白乳胶。扣除剪口下第二、三、四芽，保留第五芽，扣除第六、七、八芽，保留第九芽。其下每隔 7～10 cm 刻一芽，直至地面上 70 cm 高度为止，70 cm 以下芽不再处理。当侧生新梢长到 40 cm 左右时，扭梢至下垂状态，控制其伸长生长，促使中心领导枝快速生长。

② 第二年管理要点。促使中心领导枝萌发更多下垂状态的侧生枝。树体萌芽前，中心领导枝轻剪头，其他侧生枝留 1 芽极重短截，剪口距芽 1 cm 左右，剪口涂抹猪油或白乳胶。芽体萌动时，对中心领导枝每隔 5～7 cm 进行刻芽（用小钢锯），每刻 4～5 芽清理锯口锯末一次，刻后涂抹普洛马林。萌芽 1 个月后，对中心领导梢附近的竞争梢留 2～5 芽短截，控制竞争梢。萌芽 2 个月后，当中心领导干上的侧生新梢长至 80 cm 左右时，捋梢至下垂状态；对中心领导梢萌发的二次梢（枝）进行捋枝呈下垂状态。对中心领导干上的侧生新梢捋枝至下垂状态后，新梢前部会自然上翘生长，在萌芽 3 个月后，对侧生新梢的上翘生长部分进行拧梢，每梢拧 2～3 次，分段进行，使新梢上翘部分呈下垂状态，控制冠径，保持枝条充实。

③ 第三年管理要点。侧生枝促花芽，中心领导枝继续抽生侧生枝。早春芽萌动时，对中心领导枝每隔 5～7 cm 进行刻芽并涂抹普洛马林，对"刻芽＋涂药"后萌发的侧生新梢整形管理同第二年。对中心领导干上缺枝的地方，在叶丛短枝上方进行刻芽促发侧生枝。对上一年中心领导干上萌发的侧生枝甩放，促其形成大量的叶丛花枝；对个别角度较小的侧生枝，拉枝开张其角度，使其呈下垂状态。对于美早、红灯等生长势强旺品种的侧生枝背上芽，在芽萌动时进行芽后刻芽，促其形成叶丛花枝。萌芽 1 个月后，对侧生枝背上萌发的新梢进行扭梢控制，或留 5～7 片大叶摘心，促其形成腋花芽。对侧生枝延长头周围的多杈头新梢，摘心控制，使侧生枝单轴延伸。侧生枝弓弯处的背上，有的可萌发新梢，留用，培养未来的更新枝。

④ 第四年管理要点。控树高，控背上，控侧生。早春，在树

体上部分枝处落头开心，保持树高2.8 m左右；在规定树高位置无分枝的，可任其生长一年，下一年落头开心。对侧生枝（骨干枝）背上萌发的新梢及延长头上的侧生新梢，根据空间大小，或及早疏除，或及早扭梢，或留5～7片大叶摘心控制，保持骨干枝前部单轴延伸。

3. 直立丛状形

（1）树体结构特点 树高2.5 m，行距4～5.5 m株距1.8～2.5 m，全树15～25个主枝，无中干，全部直立生长，无永久枝。

（2）整形修剪 栽植后60 cm左右定干，干下面要有3～4个芽。栽植后保证水肥供应，初夏，新梢长到60 cm左右时，留10～15 cm进行短截。短截长度依据新梢的强弱，旺盛的新梢短截的重一点。如果第一年长势较弱，夏季可以不剪，留到冬剪。

第二年，新梢长到60 cm左右，再回缩到10～15 cm，这样，全树大概有20～25个主枝，半矮化砧木的树体，不用再短截；如果利用乔化砧木，为控制生长，缓和树势，再短截一次，全树可有30个主枝。

当树主体结构形成后，疏剪树体中心部位的枝条，以利于通风透光。半矮化砧木的树体保留主枝15个左右，乔化树体保留25个左右。

结果期修剪：冬季，轻短截所有新梢，剪掉1/3左右。回缩2～4个大的结果枝到15～20 cm。采收后，疏除枝条上的侧枝（外围生长的除外）。

4. UFO 树形

（1）结构特点 UFO是适合樱桃矮砧密植栽培的整形修剪新模式。树体结构级次少，主枝直立生长，数量为6～12个，呈篱壁式着生在拉平的中干上，间距为15～20 cm，成形后树高2.8～3 m，整个树形呈"一面墙"式结构。UFO树形适合在矮化砧木上应用，适宜行距为3～3.5 m，采用吉塞拉5号砧木适宜株距为1.5～1.8 m，采用吉塞拉 6 号砧木适宜株距为 1.8～2.4 m。

（2）整形修剪技术

① 第一年。选择无侧生分枝、高度稍大于株距的苗木进行定植，顺行向斜栽，主干与地面夹角为 45°～60°，不定干。顺行向立支架，拉 2 道水平铁丝，高度分别为 50～55 cm 和 150～155 cm。当苗木上部芽抽生新梢后将中干绑缚在第一道铁丝上，去除背下芽和侧芽，选留背上芽作为主枝进行培养，芽间距以 15～20 cm 为宜。当选留新梢长至 100 cm 左右时将其绑缚在第二道铁丝上，保证枝条直立生长（图 9-1）。定植当年中干和部分主枝基部即有少量花芽形成。为使树体营养生长健壮，不建议过早形成产量，可将花芽疏除。

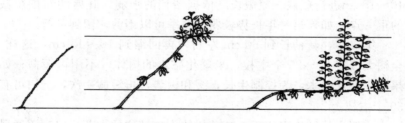

图 9-1　定植当年

② 第二年。第二年整形修剪目的是构建树形、培养主枝和结果枝。春季萌芽前对直立生长的主枝不进行落头处理，去除其上所有侧生分枝，对中干靠近主干部分的背上芽涂抹发枝素或刻芽促进萌发，培养主枝；生长季进行绑缚、摘心，控制旺长，适时进行控水、控肥处理，控制树势，促进成花（图 9-2）。第二年主枝基部可形成大量花芽，转变为成结果枝。

③ 第三年。进一步培养主枝和结果枝组，促进花芽形成。生长季对主枝进行摘心，控制顶端优势。第三年主枝下部可形成大量花芽，产量达 6～11 t/hm²。采果后去除病虫枝、衰弱枝；休眠期继续对主枝进行甩放，疏除其上的侧生分枝；对过旺的主枝基部留 1 个芽疏除，翌年便可发育成新的主枝，长度约 100 cm 时将其绑

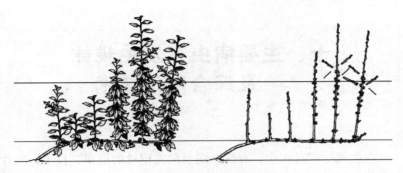

图 9-2　定植第二年

缚在第二道铁丝上。第三年末树高 2.8～3 m，树形构建完成。

　　④ 第三年以后。疏除主枝上的侧生分枝，将过长的主枝留 2.2～2.5 m长度及时回缩，去除衰弱枝、下垂枝、病虫枝。对过旺枝基部留行向方向的芽进行短截，让其抽生新枝，复壮树势。保证丰产稳产、更新复壮、延长结果年限是修剪结果期果树的主要原则。

十、主要病虫害发生规律及综合防治技术

在樱桃生产过程中，有许多病虫危害樱桃的根系、枝干、叶片和花果，严重影响树体生长发育、结果、产量和品质，因此需要对这些病虫进行合理防控。樱桃生产中，主要病害有流胶病、根癌病、穿孔病、黑斑病、褐斑病、炭疽病、灰霉病、褐腐病、木腐病、根颈腐烂病等；主要虫害有桑白蚧、梨小食心虫、果蝇、黄刺蛾、叶蝉、绿盲蝽、潜叶蛾、红颈天牛、金缘吉丁虫、红蜘蛛、舟形毛虫等。近年来，病毒病和生理失调有上升趋势。樱桃对环境条件较敏感，适应性差，树势衰弱时极易发生生理失调，如畸形果、黄叶病、小叶病、缩果病、小果病、花脸病等。

（一）病虫害防治的基本原则

病虫害是樱桃生产中常见问题之一，管理粗放、天敌减少，会造成樱桃园病害发生，导致减产，因此，选择合适的防治方法至关重要。目前，许多国家多采用"有害生物综合防治"的方式，即综合利用农业的、生物的、物理的防治措施，创造不利于病虫害发生而有利于各类自然天敌繁衍的生态环境，通过生态技术控制病虫害的发生。本着农业防治为主、化学防治为辅的无公害防治原则，选择合适的可抑制病虫害发生的耕作栽培技术，如平衡施肥、深翻晒土、清洁田园等一系列措施控制。

1. 农业措施

农业防治是根据农业生态环境与病虫发生的关系，在有利于农

业生产的前提下，通过改变耕作栽培制度、选用抗（耐）病虫品种、加强保健栽培管理以及改造自然环境等来抑制或减轻病虫的发生。在果树栽培管理中，通过清洁果园、施肥、翻土、修剪、疏花疏果来减少或消灭病虫害，或根据病虫发生特点人工捕杀、摘除、刮除、涂白等手段消灭病虫。在樱桃生产中这种方法应用广泛，几乎每种病虫的防治都能用到，如选择栽植抗病品种，冬季清理落叶落果、剪病虫枝，生长季节人工捕杀天牛、茶翅蝽、金龟子、舟形毛虫等，合理肥水增强树体抵抗能力，合理修剪改善通风透光抑制病害发生。

农业防治是果园生产管理中的重要部分，不受环境、条件、技术的限制，虽然不像化学防治那样能够直接、迅速地杀死害虫，却可以长期控制病虫害的发生，大幅度减少化学药剂的使用量，有利于果园长期的可持续发展。由于结合果树丰产栽培技术，不需增加防治病虫的劳动力成本和经济成本，可充分利用病虫生活史中的薄弱环节，如越冬期、不活动期采取措施，收益显著；而且，农业防治有利于天敌生存，不污染环境，符合安全优质果品生产要求。但是，农业防治的缺点在于不能对一些病虫完全彻底控制。

2. 生物措施

生物防治是利用有益生物防治樱桃病虫害的有效方法。在果园自然环境中有 400 多种有益天敌昆虫资源和促使樱桃害虫致病的病毒、真菌、细菌等微生物。目前我国主要用于防治害虫，可以大量人工繁殖释放的天敌有苏云金杆菌、微孢子虫、昆虫病原线虫、昆虫病毒、白僵菌、赤眼蜂、瓢虫、草蛉、捕食螨等。生物防治的特点是不污染环境，对人、畜安全无害，无农药残留问题，符合果品无公害生产的目标，应用前景广阔。

3. 物理措施

物理防治主要是针对樱桃虫害，根据害虫的一些生理学特性和特异性反应，采用糖醋液、特异光线等方法诱杀害虫，而对于传播病毒病的害虫，同时可以切断传播途径，间接起到防治病毒病的作用。如黑光灯诱虫，黄板诱杀叶蝉，果树涂白驱避害虫产卵，诱虫器皿内放置糖醋液诱杀果蝇，性诱剂诱杀卷叶蛾、食心虫等。

物理防治的特点是其中一些方法具有特殊的作用（红外线、高频电流），能杀死隐蔽危害的害虫；原子能辐射能消灭一定范围内害虫的种群；多数没有化学防治所产生的副作用。由于物理防治不会污染环境，有利于果园的长期可持续发展，也是值得提倡的无公害樱桃生产技术的有效病虫害防治方法。

4. 化学措施

化学药剂防治病虫害具有作用迅速、见效快、方法简便的优点，在现阶段果品生产中仍然具有不可替代的作用。但长期使用化学药剂可引起害虫抗性、污染环境、减少物种多样性、药物残留等危害，尤其是在各国重视食品安全的今天，正确使用化学药剂生产无公害果品受到重视。使用化学药剂防治害虫时，应遵守有关无公害果品生产操作规程和农药使用标准，合理选择农药种类，正确掌握农药用量。做好病虫测报工作，调查病虫发生情况，选择合适种类和时机用药。选择高效、低毒、低残留的农药来防治有害生物。同时要考虑施药器械和方法，以便尽可能减少化学农药使用数量和次数，避免对人类、有益生物和环境的不良影响。

（二）樱桃主要病害

1. 细菌性穿孔病

细菌性穿孔病是樱桃树常见的叶部病害，常造成叶片穿孔早落，危害严重时，能造成果实龟裂，降低产量。该病除危害樱桃外，还侵害桃、梅、李、杏等多种核果类果树（图 10-1）。

（1）病原 黄单胞杆菌 [*Xanthomonas pruni*（Smith）] 或假单胞菌杆菌（*Pseudomonas syringae* pv. *syringae*）。

（2）危害症状 细菌性穿孔病在叶、新梢和果实上都能发生。

叶上发病初为水渍状圆斑，后逐渐扩大为近圆形、直径 2～5 mm 的褐色或红褐色病斑，或数个病斑相互连合成大病斑。病斑边缘有黄绿色晕环。以后病斑干枯，边缘产生一圈裂缝，易脱落形成穿孔，但往往仍有部分病组织残留叶上而不全部脱落。枝梢受害，产生

图 10-1　细菌性穿孔病

两种不同类型的病斑，即春季溃疡斑与夏季溃疡斑。春季溃疡斑发生在上一年夏秋季抽生的枝梢上，受害枝梢产生紫褐色油渍状、微隆起长圆形小斑，当年不起传病作用，病菌即潜伏越冬。到第二年春，病斑内细菌大量繁殖，病斑开裂，菌脓外溢，成为初次侵染主要传染源。夏季溃疡斑通常在春夏季抽生的枝梢上形成油渍状暗紫色、椭圆形、中间稍凹陷的斑块，病组织当年干枯而死，不能成为第二年初侵染源。

（3）发病规律　病原细菌主要在病梢上越冬，病菌在枝梢病斑内可存活 1 年。第二年春季病部溢出菌脓，经风雨传播，也可由昆虫传播。病菌从气孔、皮孔等孔口处侵入。病菌活动的最适温度为 25～30 ℃，一般气温在 10 ℃，4 月中旬展叶后即可发病，5～6 月为全年发病高峰。

（4）防治方法　①清除病源。剪除病枯枝，集中烧毁。②加强管理。增强树势、提高抗病力，增施有机肥和磷、钾肥，减少氮肥施用量，及时清除徒长枝等均可减轻病害。③药剂防治。早春芽萌动期喷 3～5 波美度石硫合剂，展叶后发病期喷洒 80% 大生 M-45 的 800～1 000 倍液，或用 72% 农用链霉素 3 000 倍液，连续喷药 2～3 次，间隔 10～15 d。

2. 褐斑穿孔病

褐斑穿孔病是一种常见的真菌性病害，导致早期叶片脱落，在

樱桃种植园内常有该病发生。除危害樱桃外，还侵染桃、李、杏、梅等（图 10 - 2）。

（1）病原 假尾孢属，*Pseudocercospora circumscissa*（Sacc.）Y. L. Guo et X. J. Liu。

（2）危害症状 该病主要危害樱桃叶片，也危害新梢和果实。发病初期，在叶片上形成针头大小的紫色小斑点，病斑逐渐扩大为圆形褐色斑，边缘变厚，呈红褐色至紫红色，直径 2～5 mm。病部逐渐干燥、皱缩，周缘产生离层，脱落形成孔洞。斑上具有黑色小粒点，即病菌的子囊壳或分生

图 10 - 2　褐斑穿孔病

孢子梗，能产生分生孢子。感病的树体容易造成树势衰弱，冬季更容易受到冻害；生长时期树体生长缓慢。

（3）发病规律 初侵染源主要来自病害落叶，病原菌主要以分生孢子器和菌丝体在病叶或枝梢病组织内越冬。翌年随着气温的回升和降雨，分生孢子借助风雨传播，从自然孔口或伤口侵入叶片、新梢。不同叶龄的叶片感病能力也有较大差别，一般病原菌多侵染老叶片，幼嫩叶片受害较轻。一般在 5～6 月开始发病，8～9 月进入发病盛期。夏季雨水多时，种植密度大，排水不良的樱桃园发病严重。

（4）防治方法 ①加强管理，增强树势，提高树体的抗病能力，增施有机肥和配方施肥，确保树体营养平衡；②冬春季要彻底清除枝条和地面的病残叶，集中焚烧，重视夏季修剪，剪除和烧毁重病叶和枯死叶，能有效清除病原的初侵染源和再侵染源，又使果园通风透光、降低湿度，达到减轻病害的目的；③选择种植红灯、美早、拉宾斯等抗病性较强的品种；④树体喷布 1∶1∶200 倍的波尔多液。谢花后到果实采收前，及采收后可喷施 2～3 次杀菌剂，

可用的药剂包括：70%代森锰锌可湿性粉剂500倍液、50%多菌灵可湿性粉剂800倍液、70%百菌清可湿性粉剂800倍液、25%戊唑醇2 000倍液。可在雨前选择保护性杀菌剂，雨后选择内吸性杀菌剂，以保证药效。

3. 根颈腐烂病

也称樱桃立枯病，是由真菌引起的一类土传病害。国外报道为疫霉菌引起，山东烟台市农业科学院从病树上分离到撕裂蜡孔菌（*Ceriporia lacerata*），并能引起病症（图10-3）。此菌在pH 3.0~11.0均能生长，在pH 4.0~7.0生长较快，生长最适宜pH为6.0，最适生长温度为32~34 ℃，最高生长温度38 ℃，致死温度42 ℃。

图10-3　根颈腐烂病

（1）危害症状　在樱桃的根颈处发病，树体发病初期不易察觉，一般侵染3~5年树开始表现症状。树叶发黄卷曲时，扒出根颈部位后观察，根颈部位树皮多腐烂1周。发病部位树皮，褐色、腐烂。开花坐果后，树体进一步衰弱，雨季过后，发病严重的树整株死亡。同一果园中，先锋品种比其他品种易感病，发病严重果园，所有品种都可感病。低温冻害、高温日烧、喷施除草剂的果园易发病，死亡树体周边树易感病。除在根颈部位危害外，到发病后期，向树的上部延伸。

（2）预防措施　①培肥沙质土壤，改良黏重土壤，改良土壤菌群结构；②完善果园排灌系统，采用滴管或喷灌，实行台式栽培，避免病菌传播；③树盘喷药剂、撒石灰粉；④做好根颈防护工作。春季晾晒根颈部位，初冬时筑土保护根颈部位。

（3）治疗措施　发现病树后，彻底刮除腐烂部位，涂药防治，药剂可选用200倍多菌灵或1 000倍戊唑醇，处理后把病害部位暴露在空气中。同时用 500 倍多菌灵，或 1 000 倍戊唑醇进行灌根处理，根据树体大小，每株树灌 5～10 kg。在 5 月和 7 月再进行一次。

4. 灰霉病

樱桃灰霉病在设施栽培的果树中发病严重，主要危害樱桃花序、叶片、幼果和嫩梢（图 10－4）。

（1）病原 *Botrytis cinerea* Pers。

（2）危害症状 主要危害花和幼果。花器发病，初期病花逐渐变软枯萎腐烂，以后在花萼和花托上密生灰褐色霉层，最终，病花脱落，或不能顺利脱落而残留在幼果上，引起幼果发病。幼果发病，开始在果面上产生淡绿色小圆斑，以后随着病斑的迅速扩大，颜色逐渐呈深褐色，病果轻者生长停滞，重者全果腐烂，最终干缩成僵果悬挂于枝上。

图 10－4　灰霉病

（3）发病规律 灰霉病的病原是真菌中半知菌亚门的灰葡萄孢菌。病菌主要以菌核在病僵果上或土壤中越冬。在温室桃树花期，当空气湿度大时，菌核即萌发，并散出大量的子囊孢子，成为初侵染源，开始侵染花器。初侵染发生后，又会产生大量的分生孢子，进行多次的再侵染，病花及其残余物成为重要的再侵染源，病害开始传播到幼果上。病菌主要通过气流、水滴飞溅、人工授粉及其他田间操作等途径传播。温室内空气湿度大是发病的重要条件，发病的最适相对湿度为 90％～95％，最适温度为 21～23 ℃。在盛花期，若遇上连续阴天，致使气温偏低，又不能及时通风，则造成温室内湿度过大，从而易使灰霉病加重发生和流行蔓延。另外，栽植密度过大、氮肥过多或缺乏、树势衰弱、抗病性差都利于病害发生。

（4）防治方法　①彻底清园，并深翻树盘，以减少初侵染源；②搞好疏花疏果，以减少因花果过密而由人工授粉等田间作业造成的接触传染；③及时摘除病花、病果以及幼果上不能顺利脱落的花器残体，以减少侵染源；在病部长出灰霉之前，及时摘除病花、病果，并放进塑料袋内带出温室外，深埋或烧毁；④控制速效氮肥的使用，防止新梢徒长，搞好果园的通风透光；⑤温室内最好不要间作油菜、莴苣、辣椒等易感染灰霉病的作物；⑥开花前要喷1次预防药剂，落花后也要每隔10 d喷1次，连喷2~3次，所用药剂要注意交替使用，以免产生抗药性。可选用的药剂有50%速可灵可湿性粉剂1 500倍液、或50%苯菌灵可湿性粉剂1 200倍液、或65%甲霉灵可湿性粉剂1 000倍液、或50%灰霉宁可湿性粉剂600倍液、或50%多菌灵500倍与50%福美双500倍混合液、或75%百菌清600倍与70%代森锰锌500倍混合液。

5. 黑斑病

櫻桃黑斑病在我国樱桃产区发生较为普遍，还可危害桃、梅、李等李属植物，造成叶片干枯脱落。

（1）病原　*Alternaria alternate*（Fr.）Keissler.，属半知菌亚门真菌。

（2）危害症状　该病菌主要危害叶片，也侵染果实和嫩梢。幼叶受害后，病斑初为紫褐色，随后变为褐色不规则直径为1~4 mm病斑，后期病斑干枯收缩，周围产生离层，病斑脱落形成褐色穿孔。果实被感染后常在成熟期发病，在果面上形成大黑斑，其上生有黑色霉层，为病菌的分生孢子梗和分生孢子。

（3）侵染循环　病原在花芽鳞片上越冬，雌蕊及幼果果尖的黑斑病带菌率在开花后是逐渐增加的。花瓣萎蔫带菌率明显增长。病原侵入期是从开花期开始，花瓣萎蔫期至盛花后40 d左右形成侵染高峰。果实症状最早在7月中旬开始出现，大部分病果出现在7月下旬以后。此该病菌以菌丝体或分生孢子盘在枯枝、芽鳞、落叶中越冬。翌年5月中下旬开始侵染初展叶片和嫩枝，6~9月为发病盛期。病菌借风、雨或昆虫传播，不断再侵染新的叶片。

（4）防治方法 ①喷药防治。在落花后，病斑初现时即开始喷药防治。通常喷施 1 次 1∶2∶160 倍的波尔多液、或 65％代森锌可湿性粉剂 500 倍液、或 70％甲基硫菌灵可湿性粉剂 800 倍液、或 75％百菌清 500～800 倍液、或 50％苯菌灵可湿性粉剂 1 200～1 500倍液等。施用时一般每隔 7～10 d 喷 1 次，连续 3～4 次。在多雨地区要增加喷药次数。②加强管理。及时开沟排水，疏除过密枝条，改善樱桃园通风透光条件。③减少菌源。叶斑病菌在落叶上越冬，防治的关键在于扫除落叶并彻底烧毁或秋末进行翻耕，以减少越冬菌源。

6. 褐腐病

（1）病原 子囊核盘菌，*Monilinia fructicola*（Winter）Honey。

（2）危害症状 主要危害花、叶、幼枝和幼嫩的果实，以果实受害最重（图 10 - 5）。花受害易变褐枯萎，天气潮湿时，花受害部位表面丛生灰霉；天气干燥时，则花变褐萎垂干枯。果梗、新梢被害形成长圆形、凹陷、灰褐色溃疡斑，病斑边沿紫褐色，常发生流胶，当环绕一周时，上部枝

图 10 - 5 褐腐病

条枯死。果实受害，从落花后 10 d 幼果开始发病，果面上形成浅褐色小斑点，逐渐扩展为黑褐色病斑，幼果不软腐；成熟果发病，初期在果面产生浅褐色小斑点，迅速扩大，引起全果软腐，表面产生灰褐色绒球状霉层，呈同心轮纹状排列。病果有的脱落，有的失水变成僵果挂在树上。

（3）侵染循环 该病原菌主要以菌核或菌丝体在病僵果病枝溃疡部或病叶中越冬。翌年春季当地气温回升至 10 ℃以上时如遇降

雨，则菌核萌发产生子囊盘形成子囊孢子，或在病僵果上直接形成分生孢子借风雨或气流传播。病菌在西安地区大约从 3 月中下旬就开始初侵染。初侵染时，子囊孢子或分生孢子萌发于花器通过花器的柱头蜜腺气孔伤口等侵入花器或通过幼叶的气孔伤口侵入幼叶。潮湿条件下病花、病叶上形成的大量分生孢子为再侵染源或是已被侵染部位的病菌菌丝通过花梗与叶柄蔓延到果梗和新梢上。一般幼果发病较少，但发病幼果和病花上产生的分生孢子，在 5～6 月果实开始着色时可大量侵染正在成熟的果实形成病僵果。该病害主要靠雨水或气流传播，也可经由虫媒传播。

（4）防治方法　①清洁果园，将落叶、落果清扫烧毁；②合理修剪，使树冠具有良好的通风透光条件；③发芽前喷 1 次 3～5 波美度石硫合剂；生长季每隔 10～15 d 喷 1 次药，共喷 4～6 次，药剂可用 1：2：240 倍波尔多液、或 77％氢氧化铜 500 倍液、或 50％克菌丹 500 倍液。

7. 根瘤病

（1）病原　*Agrobacterium tumefaciens*（smithettowns）conn，属于土壤杆菌属。

（2）发病症状　该病主要发生在樱桃树根颈部、主根和侧根部，呈球状或不规则扁球形瘤状（图 10 - 6），初生时乳白色至乳黄色，逐渐变为淡褐至深褐色，病瘤有大有小，表面凹凸不平，龟裂，每株树根的病瘤少则 3～5 个，多则数 10 个。多年生的病瘤直径可达 10 cm，有时几个瘤连接形成

图 10 - 6　根瘤病

大的瘤。鲜病瘤横剖面核心部坚硬呈木质化，肿瘤皮厚度 1～2 mm，皮和核心部之间有空隙。植株患病后，生长缓慢，发育受阻，树势

衰弱，严重时造成大量死树。侧根及支根的根瘤不致马上引起死树。栽培条件改善，往往自行大量脱落，不再影响植株发育。根癌病发病轻时，可正常开花结果，且坐果率高，但花期较晚，展叶亦迟，果个变小，果实品质差。

（3）发病规律 病原细菌在发病组织和土壤中越冬。土壤中有寄主组织存在的情况下，病菌能存活 1 年以上，2 年内若遇不到新的寄主便会失去生活能力。病菌主要靠灌溉和雨水传播，远距离苗木运输也可传播。病菌多从伤口侵入寄主组织，刺激周围组织细胞加速分裂，产生大量分生组织，导致肿瘤的形成，嫁接口、虫伤口、机械伤口均能感染病菌。调查证明，根部伤口多少与发病高低成正比。移栽植株根梢修剪处和嫁接口伤口均易发病。根癌病的发病期较长，6～10 月均有病瘤发生，7～8 月为发病盛期，10 月下旬终止发病。土壤湿度大，高温高湿，管理水平差，树势生长弱时，有利于此病发生。土壤温度在 18～22 ℃时最适合病瘤形成。土壤碱性、黏重、排水不良时发病重，土壤 pH 6 以下时极少发病。不同的砧木类型发病不同，经多年的苗木繁育和栽培试验证明，东北山樱桃作砧木发病重，而山东大窝娄叶、大青叶和莱阳矮樱桃作砧木较抗此病。

（4）防治方法 ①选用抗病砧木。繁育无病毒苗木；育苗圃不能重茬，不用病树上的接穗作繁殖材料。用组织培养法繁育无病毒苗木。采用抗病砧木大青叶、大窝娄叶和莱阳矮樱等。②严格苗木检疫和消毒，不从病区引进苗木和接穗。若发现病株要彻底剔除烧毁。调运苗木时应进行消毒，用 1‰硫酸铜溶液浸根 5 min，或用 3‰次氯酸钠液浸根 3 min，浸根消毒时药液浸至苗木嫁接口以下，杀死附着在根部的病原菌。也可在苗木定植前用 K84 蘸根消毒杀菌。③加强樱桃园的管理，除草、施肥时尽量防止造成根系伤口。冬季清理樱桃的枯枝落叶、杂草和刮除枝干翘皮，集中烧毁。发现病株及时刨除并清除所有病根。增施有机肥，提高土壤酸度，使土壤环境不利于病菌生长，同时增强树体抗性。如有条件可采取滴灌、渗灌等技术，防止病菌随水传播，特别要注意雨季及时排水，降低土壤湿度。及时防治地下害虫，如蛴螬等，防止树体根部伤害，造成病菌侵染。④早期发现樱桃根癌病株时，应扒开根周围的土壤，用刀将病瘤切除，直至露出新鲜木质部。伤口涂3％琥珀酸铜胶悬液300倍液或5波美度石硫合剂。刮下的病瘤立即烧毁，不可深埋。对二至三年生幼树扒开根颈处土壤，用30倍K84消毒液灌根，每株灌1～2 kg可有效防治根癌病。

8. 流胶病

(1) 病原　子囊真菌 *Botryosphaeria berebgeriana* de Not。

(2) 危害症状　常见于主干和主枝，有时小枝也可发病（图10-7）。一般表现为病部肿胀，病部流出半透明的黄色树胶，胶液流出后与空气接触逐渐变为红褐色，干燥后变为茶褐色的硬质胶块。树势逐渐衰弱，病斑上部枝干或顶梢常枯死，叶片萎蔫枯黄，花芽或叶芽干枯，严重时枝条干枯甚

图10-7　流胶病

至整株死亡。病部皮层及木质部易受病原菌侵染，皮层变褐、腐烂，剥开流胶部位可见褐色病斑。

(3) 发病规律　该病主要由枝干病害（腐烂病、干腐病、穿孔病等）、虫害（天牛、吉丁虫等）和机械损伤，修剪过度造成伤口引起发病流胶；另外由于自然条件冻害、日灼使部分树皮死亡引起流胶；再者由于土壤黏重、排水不良或施肥不当等诱发流胶病。流胶病在整个生长期都有可能发生，与温度、湿度关系密切。5～9月为发病较为严重阶段，春季随着温度的升高和雨水的增多，发病趋势明显，特别是在雨水较多的时期，病部渗出胶液，以后随气温下降，逐步减轻直至停止。盛果期树流胶严重，幼树发病较轻。酸性、透气性较差及重茬土壤流胶病易发生；偏施氮肥、负载量过

大、地势低洼、雨季排水不畅等因素影响发病严重。

(4) 防治方法 ①避免在黏性土壤地建园。浇水后要及时中耕、松土，改善土壤通气状况；尽量减少伤口，修剪时不能大锯大砍，避免拉枝形成裂口。②搞好虫害防治以减少虫伤。③秋冬季枝干涂白，以防止冻害和日灼。对已发病的枝干应及时彻底刮治，伤口用生石灰 10 份、石硫合剂 1 份、食盐 2 份、植物油 0.3 份对水调成糊状涂抹。

修剪时期对于流胶病的发生有很大影响。冬季修剪可能会因为剪口不能愈合而导致冻害的发生，使第二年容易被病原菌侵染。雨季来临之前，选择干燥无风的天气进行修剪；回缩修剪留桩，不能紧贴树干疏除大枝，减少大的伤口的出现。剪除多余花枝，合理负载，协调结果与生长的矛盾。树下灌水，尽量避免水喷到枝干上；排水通畅，避免造成园内湿度过大。及时清除病枝。

冬季或初春，树体萌芽前采用含铜的杀菌剂喷洒枝干。发病后，刮除病部胶体及溃疡部位，涂抹克菌丹、甲基硫菌灵、扑海因等杀菌剂，一般应在第 1 次涂药后，隔 10～15 d 涂抹 1 次，至少涂 3 次；涂药后包扎。

（三）樱桃主要病毒病害

病毒病是由病毒侵染引起的病害，研究报道，目前侵染樱桃的病毒约有 34 种，比较常见的樱桃病毒主要有 20 种。而我国樱桃中检测到的病毒共 7 种，分别是李属坏死环斑病毒（PNRSV）、李矮缩病毒（PDV）、苹果褪绿叶斑病毒（ACLSV）、樱桃卷叶病毒（CLRV）、樱桃锉叶病毒（CRLV）、樱桃绿环斑病毒（CGRMV）、樱桃小果病毒-2（LChV-2）。

1. 主要病毒病种类

（1）李属坏死环斑病毒（Prunus necrotic ringspot virus, PNRSV）　该病毒主要侵染欧洲樱桃、酸樱桃、桃、苹果、杏等李属和蔷薇属植物，寄主多达 180 种植物。

PNRSV 可以引起樱桃坏死环斑病和皱缩花叶病，其症状因病毒株系寄主品种的感病性以及环境条件有关，常引起坏死环斑、碎叶、带状叶、粗花叶，有时还会产生耳突，病叶出现坏死斑，中间部分坏死、脱落形成穿孔。

（2）李矮缩病毒（Prunus dwarf virus，PDV）　PDV 可引起樱桃黄花叶病、樱桃褪绿环斑病，造成樱桃树发育不良、叶片畸形、褪绿、环斑、坏死斑和黄化花叶等症状。能显著降低嫁接成活率，使樱桃树势衰落，极大地影响产量，PDV 的症状同 PNRSV 侵染植物的症状相似，都会产生坏死斑和黄化环斑；两种病毒常常相伴随系统性发生。单独性或和其他病毒复合性侵染都会影响果实的产量和树木的生长。

（3）苹果褪绿叶斑病毒（Apple chlorotic leaf spot，ACLSV）　春季形成的叶片出现黄绿色环斑或带纹。PNRSV 和 ACLSV 复合侵染会引的樱桃坏死线纹病，其症状特点是在叶片上出现带状的褪绿斑最终坏死。ACLSV 可以经机械接种嫁接和无性繁殖材料传播，也可通过种子传播。

（4）樱桃卷叶病毒（Cherry leaf roll virus，CLRV）　樱桃卷叶病毒引起樱桃卷叶病，植株主要表现为叶芽伸长和开花延迟而且生长脆弱，叶边向上卷起，类似枯萎，部分叶片在生长时期会变成紫红色或产生浅绿色的环斑。在同 PNRSV、PDV 造成的复合侵染时，能够引起樱桃树势的快速下降，叶子变小，出现脉明、流胶现象，被侵染的树会在 5 年内死亡。

（5）樱桃小果病毒（Little cherry virus，LChV）　LChV 引起樱桃小果病，其症状复杂多变。叶片边缘有轻微的卷曲，带有红黄色的碎边，在果实上的症状通常发生在果实生长初期，收获时期感病的果实只有正常果实的 1/3～1/2，果实呈现暗红色，三角状，口味下降，即使没有出现上述症状其果实也会成熟过晚。

（6）樱桃锉叶病毒（CRLV）　病叶表现明显的叶缘皱缩，严重的缺刻现象，形状变得极不规则。在田间条件下，侵染还会诱发其他症状，包括小叶、节间断缩、失绿黄化、叶脉白化、果实小、叶片背面突起等。

传播途径：病毒通过机械、种子、花粉、线虫等多种途径传播，也可以通过受侵染的植物繁殖材料的调运进行远距离传播。叶跳蝉、苹果粉蚧、蚜虫、线虫等害虫可作为传导介体，将病毒传播到健康植株。樱桃小果病还可通过根蘖进行传播。

2. 防治方法

若树体一旦感染病毒病害，则终生都带有该病毒，因此，应结合病毒病的发病特点进行综合防治。

①对感病植株实行严格分离，病株若发病严重，应及时挖除；②观赏性樱桃是樱桃小果病的中间寄主，在樱桃栽培区不适于种植中间寄主植物；③种植无病毒或脱毒苗木，减少病原的产生机会；④加强田间管理，减少氮肥使用，增施有机肥，提高树体抗性，减少土壤线虫的数量；⑤剪除病害枝条，喷施病毒 A、病毒唑等药剂。

（四）樱桃主要虫害

1. 红颈天牛

属鞘翅目，天牛科，俗称"哈虫"，主要蛀干害虫（图 10 - 8）。以幼虫在枝干韧皮部和木质部之间蛀食，在木质部内可向上或向下蛀食，造成树干中空。被蛀食虫道塞满木屑和虫粪，并自虫口排出，呈红褐色，粗锯末状。造成树势衰弱和树皮死亡，并引发流胶病，甚至导致主枝死亡及整树死亡。果园严重被害株率可达 60%～70%。

（1）形态特征 成虫体长 24～37 mm，除前胸背部棕红色外，其余部分均为黑色。头、翅鞘及腹面有黑色光泽，触角及足有蓝色光泽。雄虫触角约为体长的 1.5 倍，雌虫触角比身体稍长。前胸两侧各有一个短小锐利的刺状突起。卵长椭圆形，乳白色，长径约

图 10-8　红颈天牛

1.5 mm。幼虫老熟时体长 42～50 mm，黄白色，头部小，黑褐色，上颚发达，前胸背板呈宽阔扁平形，基部有暗褐色斑，胸足 3 对，不发达。蛹黄褐色，腹部各节背面均有刺毛 1 对，前胸背板上有刺毛 2 排，两侧各有 1 个刺状突起。

(2) 发生规律　该虫 2 年发生 1 代，以各龄幼虫在蛀食的虫道内越冬。6～7 月成虫发生，成虫寿命约 10 d，交尾后产卵于主干或主枝枝杈缝隙处。卵经 8～12 d 孵化为幼虫。初孵幼虫在皮层下食害，成长后钻入木质部危害，并经常向外排出虫粪，被害处容易流胶。

(3) 防治方法　①根据红颈天牛喜欢产卵于老树树皮裂缝及粗糙部位，应加强树干管理，保持树干的光洁。生长季节，田间查找新虫孔，用铁丝钩挖幼虫；成虫大量出现时，在中午成虫活跃时人工捕杀。②用塑料薄膜密封包扎树干，基部用土压住，上部扎住口，在其内放磷化铝 2～3 片可熏杀幼虫；或用注射器向孔内注入 80% 敌敌畏乳油或 40% 毒死蜱乳油 20～40 倍液，并用黄泥封闭蛀孔口。③成虫发生期前，用 10 份生石灰、1 份硫黄粉、40 份水配制成涂白剂往主干和大枝上涂白，可有效防止产卵。

2. 桑白蚧

属同翅目，盾蚧科。又名桑白盾蚧、桑盾蚧，俗名树虱子。其成虫、若虫、幼虫以刺吸式口器危害枝条和枝干。被害枝条生长势减弱、衰弱萎缩，严重时枝条表面布满虫体，灰白色介壳将树皮覆盖，虫体危害处稍凹陷，枝上芽子尖瘦，叶小而黄，严重时枝干衰弱枯死，整株或全园半死不活（图10-9）。

（1）形态特征 雌成虫橙黄或橙红色，体扁平卵圆形，长约1 mm，腹部分节明显。雌介壳圆形，直径2～2.5 mm，略隆起，有螺旋纹，灰白至灰褐色，壳点黄褐色，在介壳中央偏旁。雄成虫橙黄至橙红色，体长0.6～0.7 mm，仅有翅1对。雄介壳细长，白色，长约1 mm，背面有3条纵脊，壳点橙黄色，位于介壳

图10-9 桑白蚧

的前端。卵椭圆形，长径仅0.25～0.3 mm。初产时淡粉红色，渐变淡黄褐色，孵化前橙红色。初孵若虫淡黄褐色，扁椭圆形、体长0.3 mm左右，可见触角、复眼和足，能爬行，腹末端具尾毛两根，体表有绵毛状物遮盖。脱皮之后眼、触角、足、尾毛均退化或消失，开始分泌蜡质介壳。

（2）发生规律 一般发生数代，主要以受精雌虫在寄主上越冬。春季，越冬雌虫开始吸食树液，虫体迅速膨大，体内卵粒逐渐形成，遂产卵在介壳内，每雌虫产卵50～120余粒。卵期10 d左右（夏秋季节卵期4～7 d）。若虫孵出后具触角、复眼和胸足，从介壳底下各自爬向合适的处所，以口针插入树皮组织吸食汁液后就固定不再移动，经5～7 d开始分泌出白色蜡粉覆盖于体上。雌若虫期2龄，第二次脱皮后变为雌成虫。雄若虫期也为2龄，脱第二次皮后变为"前蛹"，再经脱皮为"蛹"，最后羽化为具翅的雄成虫。但雄成虫寿命仅1 d左右，交尾后不久就死亡。

（3）防治方法 ①人工防治。因其介壳较为松弛，可用硬毛刷或细钢丝刷去除寄主枝干上的虫体。结合整形修剪，剪除被害严重的枝条。②化学防治。根据调查测报，抓准在初孵若虫分散爬行期

实行药剂防治。推荐使用含油量 0.2％的黏土柴油乳剂[①]混 80％敌
敌畏乳剂、50％混灭威乳剂、50％杀螟松可湿性粉剂，或 50％马
拉硫磷乳剂 1 000 倍液。此外，40％速扑杀乳剂 700 倍液亦有高
效。③保护利用天敌。田间寄生蜂的自然寄生率比较高，有时可达
70％～80％；此外，瓢虫、方头甲、草蛉等的捕食量也很大，均应
注意保护。

3. 梨小食心虫

简称"梨小"，属于鳞翅目，卷叶蛾科，又称为梨小蛀果蛾、
东方蛀果蛾。第一、二代幼虫钻蛀樱桃新梢顶端，多从嫩尖第二、
三片叶柄基部蛀入髓部，往下蛀食至木质化部分然后转移。嫩尖凋
萎下垂，易识别，蛀孔处多流出晶莹透明果胶，多呈条状，长约
1 cm，影响生长发育。

(1) 形态特征　成虫体长 6～7 mm，黑褐色；前翅前缘有 7～
10 组白色短斜纹，外缘中部有 1 个灰白色小斑点。卵近扁圆形，
稍隆起，淡黄色有光泽。初孵幼虫黄白色，老熟幼虫淡红色至桃红
色；头浅褐色，前胸背板淡黄白色；腹末有臀栉 4～7 个。蛹体长
约 6 mm，黄褐色，腹部 3～7 节背面各有两排小刺。

(2) 发生规律　在河北、山东等地 1 年发生 3～4 代；河南、
安徽、陕西等地 1 年发生 4～5 代。无论 1 年发生几代，均以老熟
幼虫在树干翘皮下、粗皮裂缝和树干绑缚物等处做一薄层白茧越
冬。梨树上的梨小食心虫，还可以在根颈部周围的土中和杂草、落
叶下越冬。在苹果落花后，越冬幼虫开始化蛹，并羽化成虫。全年
各代成虫发生高峰期：在河南睢宁地区，越冬代为 4 月中旬，第一
代 5 月下旬，第二代 6 月底至 7 月初，第三代 7 月下旬，第四代 8
月下旬；在四川蓬溪地区，越冬代 3 月底，第一代 5 月中旬初，第

---

①　黏土柴油乳剂配制：轻柴油 1 份，干黏土细粉末 2 份，水 2 份。按比例将柴油
倒入黏土粉中，完全湿润后搅成糊状，将水慢慢加入，并用力搅拌，至表层无浮油即制
成含油量为 20％的黏土柴油乳剂原液。

二代 6 月中下旬，第三代 7 月底至 8 月初，第四代 8 月底至 9 月初，第五代不明显。成虫在傍晚活动、交尾、产卵，对糖醋液和人工合成的梨小食心虫性外激素有强烈趋性。成虫产卵于果实萼洼、梗洼和胴部，危害嫩梢时产卵于叶片背面。幼虫孵化后爬行一段时间即蛀入果实或嫩梢。在苹果与桃、李混栽的果园，第一代幼虫主要蛀食桃、李和苹果嫩梢，第二至四代危害果实，以第三代危害苹果最重。第五代幼虫还危害苹果秋季嫩梢。幼虫在果内和嫩梢内生长至老熟后便脱果、脱梢寻找适当场所化蛹。

(3) 防治方法 ①人工防治。早春刮树皮，消灭翘皮下和裂缝内越冬的幼虫；秋季幼虫越冬前，在树干上绑草把，诱集越冬幼虫，入冬后或翌年早春解下烧掉，消灭其中越冬的幼虫；春季发现树梢受害时，及时剪除被害梢，深埋或烧掉，消灭其中的幼虫。②药剂防治。药剂防治的适期是各代成虫产卵盛期和幼虫孵化期，为防止果实受害，重点防治第二、三代幼虫。用梨小食心虫性外激素诱捕器监测成虫发生期，指导准确的喷药时间。一般情况下，在成虫出现高峰后即可喷药。在发生重的年份，可在成虫发生盛期前、后各喷 1 次药，控制其危害。在没有梨小食心虫性诱剂的情况下，可在田间调查卵果率，当卵果率达到 1% 时就可喷药。常用药剂有 50% 杀螟松乳油 1 000 倍液、80% 敌百虫晶体 1 000 倍液、20% 速灭杀丁乳油 3 000 倍液、2.5% 功夫菊酯乳油 3 000 倍液。③生物防治。在虫口密度较低的果园，可用松毛虫赤眼蜂治虫。成虫产卵初期和盛期分别释放松毛虫赤眼蜂 1 次，每 100 m^2 果园放蜂 4 500 头左右，能明显减轻危害。

4. 櫻桃果蝇

　　櫻桃果蝇主要有黑腹果蝇、铃木氏果蝇和海德氏果蝇。櫻桃果蝇幼虫似蛆，在果实中蛀食，果面上有针尖大小的蛀孔、凹陷，果实腐败，完全丧失商品价值，消费者看到白色蠕动的幼虫感到特别不适，严重影响销售。近年来，櫻桃果蝇已成为櫻桃主要害虫。

防治方法：果实膨大至着色前，选用40％毒死蜱乳油1 500倍液，或4.5％高效氯氰菊酯乳油2 000倍液，间隔7 d施用1次，对园内地面和周边杂草丛喷雾，压低果蝇基数。采收后1周内，用1％甲氨基阿维菌素苯甲酸盐乳油3 000倍液，或40％毒死蜱乳油1 500倍液对树体，尤其是树冠内膛喷雾。

在果蝇成虫出现时诱杀，可利用果蝇趋化性的特点，用糖醋液防治，配制比例一般为糖∶醋∶水∶酒＝3∶4∶2∶1，加适量90％晶体敌百虫。倒入塑料盆置于树冠荫蔽处，诱杀果蝇成虫。塑料盆距离地面高度约1.5 m，每盆装糖醋液约1 kg，每667 m²放置5～10个。在糖醋液中放烂果诱杀效果更好。

集中销毁虫害的果实，在收获期摘除所有的樱桃可以消除果蝇的繁殖食料，因此减少下个生产季的果蝇数目。这些虫害的果实应该放在黑色塑料带子中，强光下暴晒2个周杀死蛆虫和卵、焚烧或深埋。薄膜覆盖，防止成虫从土壤中爬出。

5. 舟形毛虫

又称枇杷舟蛾、枇杷天社蛾、黑毛虫等。幼虫有群集性，先食先端叶片的背面，将叶肉吃光，后群体分散，将叶片吃光仅剩主脉和叶柄，被害叶片呈网状。若防治不及时，常可将全树叶片吃光，轻则严重削弱树势，重则全株死亡。

（1）形态特征 成虫体长25 cm左右，翅展约25 mm。体黄白色。前翅不明显波浪纹，外缘有黑色圆斑6个，近基部中央有银灰色和褐色各半的斑纹。后翅淡黄色，外缘杂有黑褐色斑。卵圆球形，直径约1 mm，初产时淡绿色近孵化时变灰色或黄白色。卵粒排列整齐而成块。幼虫老熟幼虫体长50 mm左右。头黄色，有光泽，胸部背面紫黑色，腹面紫红色，体上有黄白色。静止时头、胸和尾部上举如舟，故称"舟形毛虫"。

（2）发生规律 1年发生1代。以蛹生树冠下1～18 cm土中越冬。翌年7月上旬至8月上旬羽化，7月中下旬为羽化盛期。成虫昼伏夜出，趋光性较强，常产卵于叶背，单层排列，密集成块。卵期约7 d。8月上旬幼虫孵化，初孵幼虫群集叶背，啃食叶肉呈灰白色透明网状，长大后分散危害，白天不活动，早晚取食，常把整枝、整树的叶子蚕食光，仅留叶柄。幼虫受惊有吐丝下垂的习性。8月中旬至9月中旬为幼虫期。幼虫5龄，幼虫期平均40 d，老熟后，陆续入土化蛹越冬。

(3) 防治方法 ①冬、春季结合树穴深翻松土挖蛹，集中收集处理，减少虫源。②灯光诱杀成虫。因害虫成虫具强烈的趋光性，可在7、8月成虫羽化期设置黑光灯，诱杀成虫。③利用初孵幼虫的群集性和受惊吐丝下垂的习性，少量树木且虫量不多，可摘除虫叶、虫枝和振动树冠杀死落地幼虫。④药剂防治。低龄幼虫期喷功夫菊酯、速灭杀丁和溴氰菊酯等2 000倍液。树多虫量大，可喷500～1 000倍的每毫升含孢子100亿以上的Bt乳剂杀较高龄幼虫。若虫量过大，可采取以下两种防治方法：2.5%的功夫乳油40 mL加1.8%的阿维菌素30 mL对水12.5～15 L均匀喷雾；4.5%的高效氯氰菊酯60 mL加1.8%的阿维菌素30 mL对水12.5～15 L均匀喷雾。⑤人工释放卵寄生蜂。抓幼虫发生期喷青虫菌、白僵菌等500～800倍液生物制剂。

6. 红蜘蛛

危害樱桃的主要是山楂红蜘蛛，又名山楂叶螨、樱桃红蜘蛛，属于蛛形纲，蜱螨目，叶螨科，分布很广，遍及南北各地。成、幼、若螨刺吸叶片组织、芽、果的汁液，被害叶初期呈现灰白色失绿小斑点，随后扩大连片。芽严重受害后，不能继续萌发，变黄、干枯。严重时全叶苍白焦枯早落，常造成二次发芽开花，削弱树势，不仅当年果实不能成熟，还影响花芽形成和翌年的产量。虫害发生严重时，7～8月常造成大量落叶，导致二次开花。

(1) 形态特征 成螨长0.42～0.52 mm，体色变化大，一般为红色，梨形，体背两侧各有黑长斑一块。雌成螨深红色，体两侧有黑斑，椭圆形。卵圆球形，光滑，越冬卵红色，非越冬卵淡黄色较少。幼螨近圆形，有足 3 对。越冬代幼螨红色，非越冬代幼螨黄色。越冬代若螨红色，非越冬代若螨黄色，体两侧有黑斑。若螨有足 4 对，体侧有明显的块状色素。

（2）发生规律　1 年发生 13 代，以卵越冬，越冬卵一般在 3 月初开始孵化，4 月初全部孵化完毕，越冬后 1～3 代主要在地面杂草上繁殖危害，4 代以后即同时在枣树、间作物和杂草上危害，10 月中下旬开始进入越冬期。卵主要在枣树干皮缝、地面土缝和杂草基部等地越冬，3 月初越冬卵孵化后即离开越冬部位，向早春萌发的杂草上转移危害，初孵化幼螨在 2 d 内可爬行的最远距离约为 150 m，若 2 d 内找不到食物，即可因饥饿而死亡。4 月下旬，当樱桃树萌发时，地面杂草上的部分樱桃红蜘蛛开始向树上转移危害樱桃树，转移的主要途径是沿树干向上爬行。樱桃红蜘蛛的各个活动虫态均可转移。

（3）防治方法　①人工防治。在越冬卵孵化前刮树皮并集中烧毁，刮皮后在树干涂白（石灰水）杀死大部分越冬卵。②农业防治。根据红蜘蛛越冬卵孵化规律和孵化后首先在杂草上取食繁殖的习性，早春进行翻地，清除地面杂草，保持越冬卵孵化期间田间没有杂草，使红蜘蛛因找不到食物而死亡。③物理防治。可在樱桃发芽和樱桃红蜘蛛即将上树危害前（约 4 月下旬），应用无毒不干粘虫胶在树干中涂一闭合粘胶环，环宽约 1 cm，2 个月左右再涂一次，即可阻止樱桃红蜘蛛向树上转移危害，效果可达 95％以上。④生物防治。田间樱桃红蜘蛛的种类很多，据调查主要有中华草蛉、食螨瓢虫和捕食螨类等，其中优以中华草蛉种群数量较多，对樱桃红蜘蛛的捕食量较大，保护和增加天敌数量可增强其对樱桃红蜘蛛种群的控制作用。⑤化学防治应用螨危 4 000～5 000 倍（每瓶 100 mL 对水 400～500 L）均匀喷雾，40％三氯杀螨醇乳油 1 000～1 500 倍液，20％螨死净可湿性粉剂 2 000 倍液，15％哒螨灵乳油 2 000 倍液，1.8％齐螨素乳油 6 000～8 000 倍等均可达到理想的防治效果。

7. 金龟子

通常情况下，在樱桃上发生危害的金龟子主要有两种，即苹毛金龟子和黑绒金龟子，其成虫咬食芽、嫩叶和花蕾、花瓣。幼虫为蛴螬，在地下取食幼根。

(1) 发生规律 1 年发生 1 代，以成虫在 20～30 cm 深土壤内越冬，翌年 4 月中旬至 5 月中旬开始出土上树危害，昼伏夜出，以傍晚危害最盛，出土危害期长达 1～2 个月。5 月末 6 月上旬为产卵盛期，在杂草繁茂的土壤中 10 cm 深处产卵最多。初孵幼虫以须根和腐殖质为食，幼虫期约 75 d。老熟幼虫在土中 20～40 cm 处化蛹，蛹期 10～15 d，9 月中下旬羽化为成虫，在土壤中越冬。

(2) 防治方法 成虫有假死性、趋化性和趋光性，因此，可利用假死性人工振落捕杀，并用糖醋液和黑光灯诱杀。

春季成虫出土前，地面撒施 5% 辛硫磷颗粒剂，每 667 m^2 3 kg 均匀撒在树冠下，撒后浅锄地面。成虫危害严重时，树上喷洒 50% 辛硫磷乳油 800 倍液，或 5% 高效氯氰菊酯乳油 2 000 倍液。夏季幼虫期，地面喷洒或浇灌昆虫病原线虫生物防治。

8. 鸟害及防控

鸟害是樱桃成熟期的一大危害，严重影响产量和品质。目前，鸟害已成为果园内重要的防治对象之一。樱桃园内经常出现的鸟类有喜鹊、灰喜鹊、麻雀等。被鸟类啄食的果实，不能作为鲜食果品出售；同时，被啄食的伤口还会引起盘菌属或葡萄孢属等真菌的滋生，从而引起烂果，造成很大的经济损失。

目前，防治鸟害的方式主要有物理方法和化学方法。例如将枪鸣声、鞭炮声、害鸟天敌鸣叫声或鸟类求救声录下来，在果实着色期将录音机放于果园中心进行播放。放置稻草人、悬挂彩带等，使鸟不敢靠近。在果实采摘前，将果树用纱网或丝网覆盖起来。

（五）樱桃园防治历

时间	防治	措施	施肥
3月中下旬（萌芽前）	穿孔病、褐斑病等越冬病害	流胶的地方用甲硫·噻唑锌100倍液或人工树皮涂抹 苯甲·丙环唑2 000倍液＋施芳600倍液	每株施嘉贝特生物有机肥5 kg或中化果蔬肥4 kg/株＋果满得2 kg/株
4月中旬（初花前）	防霜冻，提高坐果率	喷精品泰宝800倍液或益施帮800倍液＋智能聪3 000倍液	株施富地邦硅钙钾镁肥2.5 kg或每667 m² 施雅福钙20 kg随水浇施
4月下旬（幼果期）	穿孔病、褐斑病	21%诺星1 200倍液或世高2 000倍液或唑醚·锰锌1 000倍液	每667 m² 土施三宝Ⅱ合计4～6袋或每667 m² 施雅菁康晶（17－17－17）5～10 kg
	盲椿象	锐劲威5 000倍液或阿立卡1 500倍液或锁收1 500倍液＋扑刻除3 000倍液	
5月上旬（膨大期）	膨大果个，提高品质	旺树，新梢期再喷1次200倍PBO，可促进成花。精品泰宝600倍液或悠满多1 500倍液	施富地邦硅钙钾镁肥1.5 kg/株或每667 m² 施雅菁康晶（11－11－35）5～10 kg
5月中旬（硬核期）	褐腐病、褐斑病穿孔病	60%吡代1 500倍液或唑醚·锰锌1 000倍液	每667 m² 冲施施得壮水溶肥2～3袋
	桑白蚧果蝇盲椿象	力智甲维盐·功夫1 500倍液或阿立卡1 500倍液	
	预防落果	精品泰宝800倍液或施芳800倍液	

（续）

时间	防治	措施	施肥
6月上中旬（采收前）	预防裂果	贝尔钙或钙加镁1 500倍液或悠满多1 500倍液	
6月中下旬（采收后）	褐斑病、穿孔病	43%戊唑醇3 000倍液；菌丹500倍液或惠可普600倍液＋43%戊唑醇3 000倍液	
7月上中旬	褐斑病、穿孔病	0.5∶1∶100波尔多液	
7月中下旬至8月	褐斑病、穿孔病	21%诺星1 200倍液或苯甲·丙环唑2 000倍液＋惠可普600倍液	
9月中上旬	使用基肥，增加树体营养，提高坐果率	施用嘉贝特生物有机肥＋富地邦硅钙钾镁肥＋复合肥或中化果蔬肥200 kg	中化果蔬肥占5%

十一、设施樱桃生产关键技术

　　樱桃是北方落叶果树中经济效益较好的树种之一，露地栽培每 667 m² 收入可达 2 万～3 万元。但露地栽培受气候因素影响较大，如花期易遭受早春霜冻、果实成熟期遇雨裂果，将严重影响樱桃的产量、品质及果农的经济收入。樱桃设施栽培可有效解决这两个主要障碍因素，克服不良气候影响，具有上市早、经济效益高（每 667 m² 5 万～30 万元）等优点。我国樱桃设施栽培始于 20 世纪 90 年代中期，近 20 年来迅速发展，栽培技术不断提高与创新，大大的拉长了樱桃的市场供应期。目前，樱桃设施栽培主要集中在环渤海地区的山东、辽宁、北京、河北等地，山西、陕西、新疆、甘肃、河南、黑龙江、内蒙古等省（自治区、直辖市）有少量栽培。据不完全统计，全国樱桃设施栽培面积约有 1.3 万 hm²。日光温室生产主要集中在辽宁省大连、朝阳等地；山东省临朐、烟台及陕西省澄城等地以塑料大棚为主；黑龙江、内蒙古、吉林等地以冬季保护树体安全过冬为主。

　　近年来，随着设施樱桃的经济效益日益显现，设施樱桃发展成为新的趋势，越来越多的果农选择承担高投入，加入种植设施樱桃行列中。但是在种植面积扩大、栽培技术逐步成熟的同时，仍然存在早期丰产性差、产量不稳定、畸形果率和裂果率高、休眠障碍等各种问题。这就需要果农提高栽培技术，加强管理，才能获得高产出、高收入的回报。

（一）设施类型与建园

1. 选址

樱桃保护地栽培成功与否，效益的高低，除了栽培品种、栽培技术起着决定性作用外，栽培设施是否合理同样起着至关重要的作用。因为栽培设施结构是否合理，将直接影响其升温的时间、保温效果以及采光的性能，进而影响树体生长发育和果品的产量、质量。因此，设施类型的选择和建造质量是保护地栽培樱桃是否成功的关键环节。设施是长久性建筑且投资大，其类型的选择与建造应从长远考虑，要认真规划和合理选择设施场地。设施建造应遵循以下原则：

① 要把樱桃园建在有利于樱桃健壮生长，容易实现早熟、优质、丰产的地方。具体要求是设施场地应背风向阳，东、西、南三面无高大树木或建筑物遮挡。

② 要考虑土壤条件，樱桃具有不耐涝、不抗旱、喜温不耐寒、喜光性强、不耐盐碱等特点，应选择在土层比较深厚，土壤疏松肥沃，透气性好，无盐渍化的沙壤土和壤土上建园。对土壤黏重的园区，需要先进行土壤改良。

③ 要考虑水源和排灌条件，樱桃对土壤水分状况敏感，根系分布浅，集中分布于 20～40 cm 土层，呼吸作用强烈，不耐涝，要求土壤通气性高。因此应选择地下水位低、有灌溉条件且排水良好的地块建园。

④ 要考虑销地远近和交通运输条件。应选择交通便利的地方，最好在公路干线附近，以利于产品运销。但不宜过分靠近道路，以减少尾气和尘土污染。还要避免在厂矿附近建造，以防尘埃和有害气体污染。

⑤ 方向选择。日光温室一般采取东西延长，坐北朝南的方位。适当地南偏东，可适当增加设施内上午的光照时间；适当地南偏西，有利于延长温室内下午的光照时间。根据北方生产的经验，温室的朝向南略偏西 5°～8°的方位为宜，有利于提高白天地温的累积，增加夜间的温度。设施之间间距应保持脊高的 2.5 倍以上，避免前排设施遮挡光线。塑料大棚中单栋棚体的具体结构、走向等，应视具体地块和树体高度而定；棚体南北、东西走向均可以，但南北走向比东西走向受光度好，管理相对容易。

2. 棚型选择

设施结构的选择，主要依据太阳辐射的强度、光照时间、气候条件及经济实力而定。现主要介绍以下几种应用较为广泛的棚型。

（1）钢架结构拱圆式日光温室（鞍Ⅱ型日光温室） 是由鞍山市园艺研究所设计的一种无柱结构的日光温室。跨度 6～7 m，矢高 2.8～3.2 m。后墙及山墙为砖砌空心墙，内填保温材料，厚 12 cm。内墙高 2 m 左右，外墙比内墙高出 0.6 m（称女儿墙）。前屋面为钢结构的一体化半圆拱架。拱架由上、下双弦及其内焊接的拉花构成。上弦为直径 40～60 mm 钢管，下弦为直径 10～12 mm 圆钢，拉花为直径 8 mm 圆钢。拱架间距为 0.8～1 m，拉筋为直径 14 mm 的圆钢，东西向 3～4 根，10 m 以上跨度的为 5 根。拉筋焊接在拱架的下弦上，两头焊接在东西山墙的预埋件上。后坡宽 1.5～1.8 m，仰角 35.5°。其钢拱架的上、下弦延长与后坡斜面宽度相等并下弯，架在后墙的内墙上。从上弦面起向上搭木板或竹片，屋脊与后墙间铺盖作物秸秆和泥土的复合后坡。前屋面钢拱架的下、中、上部三段弧面，与地面形成的前屋角分别为 60°～40°、40°～30°、30°～20°。

目前，生产上应用的樱桃日光温室大多选择大跨度和高举架的结构。一般跨度为 8～9 m，矢高以 3.5～4.5 m 为宜。但跨度越大，覆盖物越长，会给管理带来许多不便。如果有机械化作业的果园，可加大跨度至 12 m。钢架结构拱圆式日光温室，不仅采光、保温性能好，棚膜宜压紧，不易被风损坏，而且空间大，无支柱，土地利用率高，方便作业。

（2）有柱钢架塑料大棚 此类大棚近几年在生产上应用很广，大棚跨度 15～20 m，长度 60～100 m，脊高 3～4.5 m。棚架焊接和固定与无柱钢架塑料大棚基本相同，只是在棚内近屋脊处，设两排立柱，排间距 2 m 左右，柱间距 3～4.5 m。覆盖草帘的大棚，棚脊处覆盖木板作走台。此棚棚脊处还可安装卷帘机，将两侧草帘同时卷起。此类大棚由于增设了立柱，增大了棚的跨度，棚内利用空间加大。该结构光照条件好，作业方便，利于保温，抗风雪能力强。

（3）连栋大棚 全钢架结构，骨架采用热镀锌管制成。跨度8 m，矢高4.5 m左右，肩高2 m，顶部无通风窗，在四周肩部装有半自动化通风装置，内部纵向有钢立柱，间距4 m，有横向悬梁，其上固定吊柱，吊柱支撑钢拱，拱架间隔2 m。该棚型克服了塑料大棚表面积大、冬季加温负荷高、操作空间小、室内光温变化大、土地利用率低等缺点。

3. 覆盖物的选择

（1）棚膜的选择 塑料薄膜应采用透光率高的消雾型长寿无流滴膜，根据单栋棚体宽度、防风口的位置和数量合理分配块数及长宽度。其中最顶部一块为固定的。生产中使用的棚膜主要有聚乙烯（PE）、聚氯乙烯、乙烯-醋酸乙烯共聚树脂（EVA）和聚烯烃（PO）。PO是采用先进工艺，PE和EVA多层复合而成的新型温室覆盖薄膜，PO具有两者的优点，强度大、抗老化性能好，透光率高且衰减率低，燃烧时不散发有害气体，目前生产上普遍使用PO膜，效果较好。

（2）保温覆盖材料的选择 保温覆盖材料大体分两类：草帘和保温被。草帘以稻草为主要原料，编制而成，一般幅宽1.5 m、厚度5 cm，经济实惠、保温效果好，但使用年限短，一般为2～3年，随着使用时间延长，保温效果逐渐变差，多用双层覆盖。保温被，主要由编织布、牛筋布、无纺布作面料；针刺棉（垃圾棉）、喷胶棉（太空棉）、珍珠棉（聚乙烯发泡），塑料膜等材料作主体保温材料。雪后晴天，保温被吸水变沉，角度不好的温室卷放保温被时会出问题。无外覆盖面料的保温被，干得比较快。

4. 品种与砧木

（1）品种选择 设施品种选择非常关键。一个品种是否可以应用在设施栽培中，除了考虑品种本身特点以外，还要考虑市场定位，是否外销或本地销售；另外还要考虑栽培规模、品种的适应性以及当地的气候。因此，选择设施栽培品种应当遵循以下几个原则：一是果实发育期短，能提早上市；二是品质优良；三是自然休眠期短；四是适应性强，抗裂果、抗病虫能力强；五是市场销路好，价格高，效益好。在设施栽培初期，设施品种主要是以露地栽培品种为主，如红灯、意大利早红、早大果、拉宾斯、佳红、雷尼等。随着栽培技术提升和市场需求变化，目前新建设施中应用的品种大多数为美早，少量有红灯、萨米脱、雷尼、明珠、含香（俄罗斯 8 号）等。另外最近几年国内新选育的福晨、福星、齐早等也可以适当考虑栽种。

（2）砧木选择　砧木选择应根据设施栽培内空间和高度来选择，另外砧木要具有嫁接亲和性强、抗病毒或不带病毒病、根系发达、抗逆性强等特点。目前设施栽培樱桃多为结果大树移植或结果大树就地扣棚，砧木选择空间较少。山东烟台地区砧木主要采用大青叶，临朐主要为考特，辽宁大连地区砧木主要为大青叶和马哈利。受设施空间影响，树冠不能过大，否则会影响冠层内部光照和土壤温度提升，最好进行矮化密植栽培，才能有效地利用土地与空间，也有利于树冠大小的控制，提高前期产量。利用新的控冠技术，对乔化砧木进行矮化管理，也可实现矮干窄冠，提早结果。另外，所采用的砧木还应具备与樱桃嫁接亲和力亲和性强、抗病毒或不带病毒病、根系发达、抗逆性强等特点。要根据当地实际和管理情况选择合适的砧木。

（3）授粉树配置　棚内品种间的互相授粉配置是否合理、树体的健壮程度、丰产能力、树体寿命等是决定经济效益高低的先决条件。在 20 世纪 90 年代初期栽培的园片，对品种生物学特性、商品性能等认知不足，各品种间的授粉亲和性缺乏了解，导致品种配置不合理、授粉亲和性低，产量较低。生产中由于设施樱桃果品价格一直比较高，一般不配置纯粹的授粉树，多是几个优良品种混栽互为授粉。实践证明，授粉品种应配备两个以上品种，授粉树的搭配比率不能少于30％，且要间隔栽植。

5. 树形选择与整形修剪技术

棚室栽培樱桃的树形应采用矮小、紧凑、光照良好的自由纺锤形、改良纺锤形、自然开心形。通常塑料大棚的中间行，空间较大，可采用自由纺锤形、改良纺锤形；塑料大棚的两边行，空间较小，适宜采用紧凑型树形。

6. 栽植模式

(1) 大树移栽 为了抢占市场，早期实行保护地生产，现在新建园大多数为外购 5～8 年生的结果大树直接移栽扣棚，移栽树经过一个生长季的缓苗与培育，第二年即可进行生产，并能取得很好的经济效益。如果移栽过程中能保持根系完整的带土坨移栽，则能实现当年移栽、当年结果、当年收益的好效果。这种方法对树体伤害较大，要求种植者有较高的管理水平，否则当年产量和果实品质会受到很大影响。

于秋季落叶后土壤上冻前或春季萌芽前进行移栽。移栽前最后不要修剪，多留枝以防运输过程中造成损伤过多。移栽的成活率取决于根系的完整程度，因此挖树时，由树冠外围开始，逐渐向内进行，尽量要少伤根，避免伤大根。另外，樱桃树根系很脆，易折断，因而搬运时要格外小心，保护好根系，随起随栽，栽后立即灌透水。远途运输时，要将根系蘸泥浆或保湿运输，以利成活；有条件的地区可以带土坨移栽；树干和主枝要做好保护，可用草绳包裹。秋季栽植的树，冬季要注意培土防寒。

移栽前，在设施内按预先设定好的株行距挖定植沟，株行距一般为 3 m×4 m 或 2.5 m×3.5 m。沟宽 1 m、深 0.5 m 左右，放入与土混拌的腐熟的农家肥、腐殖土等，回填放水，沉实待用。农家肥每 667 m² 施 4 000 kg 左右。为了保证移栽成活，必须保证有足够长的生长根系，移栽前要将伤根剪平，去掉根瘤，用 20～30 倍的 K84 蘸根，栽植后要灌透水，第二天用生根粉溶液灌根，发芽前灌第二次，展叶后灌第三次。

（2）无土栽培模式 无土栽培是利用基质固定作物或不使用基质，采用营养液灌溉或其他施肥方式种植作物的栽培方法。无土栽培能方便树体进入冷库提早休眠，可提高单位面积产量和质量，节肥节水。目前，无土栽培技术在花卉、蔬菜和草莓等作物生产中大量应用，且效果良好。但在多年生果树上，尤其是设施樱桃上的生产应用少见报道。瓦房店樱桃无土栽培研发基地李万芝于 2016 年8 月实施温室气雾栽培新技术，该项技术在国内属于首创。整个生产环节实行机械电子化，由一套计算机系统控制供给树体营养液的时间及营养液的浓度，该技术将樱桃鲜果供应期提前到了元旦。2018 年烟台裕原生态的于春开开始探索樱桃矮砧高密高光效容器无土栽培技术，通过各种技术措施的革新，增加了樱桃树体积累养分，提高了产量，可以使烟台地区设施樱桃成熟期早于常规设施栽培。

（二）提前休眠与破眠技术

樱桃是对温度较敏感的树种，低温、暗光的条件可促进樱桃进入休眠期并满足低温量要求。樱桃进入休眠期后，必须经过一定的低温才能解除休眠。休眠使花芽停止发育，直到需冷量满足后，适宜温度下花芽内组织发生形态变化，从而萌芽开花。在休眠期，树体内的碳水化合物主要以贮藏淀粉为主；休眠结束时，淀粉迅速降解，可溶性糖含量迅速上升，从而为新的生长发育提供能量与物质基础。不同品种樱桃之间的需冷量有很大的差异，一般樱桃品种的需冷量为 700～1 400 h。需冷量不足是导致设施内樱桃萌芽开花不整齐、花器官畸形、坐果率低的主要原因。

1. 提前休眠

为了使果实提早成熟上市，获得较高的经济利益，需要在树体生长结束后提早进入休眠。目前生产中使樱桃提前休眠主要是通过人工促控来实现。首先在 10 月中旬喷施 7%～10% 尿素，在增加树体贮藏营养的同时促进叶片提早脱落。在外界气温低于7℃以下时，扣棚的同时加盖保温层，夜间打开风口，卷起草帘，让冷空气进入；白天关闭风口，同时加盖保温层保持低温。如此保持30～40 d，可使其提早完成休眠。这段时期要注意保持土壤水分。有条件的设施内可以安装制冷设备或将盆栽樱桃移入冷库强制休眠。满足需冷量后，即开始升温，樱桃鲜果可以在元旦、春节前后上市，经济效益显著。人工制冷温室或盆栽移入冷库强制休眠的樱桃树，覆盖时间可依据果实上市的时间要求来定，但必须是在树体完成生长发育之后。

2. 破眠技术

生长调节物质能调控植物萌芽、生根、开花、结实、衰老和休眠等。利用生物和化学方法合成植物生长调节剂来打破植物休眠的技术，已经在保护地果树生产上得到了广泛应用。

目前应用最广泛的打破休眠的药剂为50％单氰胺。它的化学名称为氨基氰，简称氰胺，英文名Cyanamide，商品名称为"荣芽""朵美滋"。单氰胺原药为无色晶体，易吸水潮解。遇碱分解成双氰胺（石灰氮）的聚合物，遇酸分解成尿素。因此，在植物体内可快速分解生成尿素，不留残毒。单氰胺打破休眠的基本原理是通过抑制休眠芽组织的过氧化氢酶活性，加强过氧化物酶等引发的氧化，导致休眠芽组织呼吸作用向戊糖磷酸途径的转化，引起某种脱氧核苷酸的增加，提高了休眠芽组织的新陈代谢活力，最终导致休眠的打破。对樱桃施用单氰胺可以增加果实硬度和单果重，促使樱桃提早成熟。单氰胺有良好的破眠效果和提高果实品质的作用，但使用时期受品种和生态条件影响。E. Gratacós等认为单氰胺可以使布鲁克斯、拉宾斯等10个樱桃品种的花期和结果期接近。Stefano Predieri等认为单氰胺可以弥补樱桃低温积累不足的缺点，并且可以缓解春季霜冻和开花期间的不利天气条件导致果实减少和雌蕊原始分化期间的高温导致果实畸形等问题。研究表明，温室升温时喷施1％单氰胺可使树体的萌芽时间提前12～16 d，开花时间提前

15～17 d，并且提高了树体的萌芽整齐度和开花整齐度；红灯、早大果的萌芽期提前了 12 d，盛花期提前了 15 d；美早的萌芽期提前了 16 d，盛花期提前了 17 d（程和禾，2019）。为了打破芽的休眠，达到芽萌发的一致性，在温室升温头一天下午喷施 50% 单氰胺 50～70 倍液或芽早 70～80 倍液，要求周到细致，第二天开始拉帘升温。但需要注意的是喷施以后，新梢的生长量也明显加大，故需在棚内樱桃出现第一朵花时，喷施 PBO 100 倍液（视树势强弱），硬核期前后喷施 PBO 150～200 倍液各一次。另外需注意，高浓度的单氰胺会出现药害，造成死芽、死枝现象，升温以后再喷施单氰胺也会产生药害。

（三）设施内环境调控技术

设施樱桃栽培有别于露天的环境，设施内的小气候如温度、光照、湿度等因素，直接影响着樱桃的产量和质量。研究表明，樱桃产量、单果重和可溶性固形物与设施内温湿度之间均呈抛物线式关系，樱桃产量和单果重的最大值应该出现在生产周期日均温度为 14.5～15.0 ℃时。可溶性固形物在 11～15 ℃增加明显，在 15～17 ℃时其含量基本保持在 18% 以上；裂果率与湿度呈现指数关系，将设施内平均湿度控制在 75% 以下，可以尽可能降低裂果率。控制日均棚温为（15±0.5）℃，日均湿度控制在 75% 以下，可以提高樱桃产量超过 20%，可溶性固形物含量提高到 18% 以上。

1. 温湿度管理

（1）萌芽期

① 控制温度。花芽在萌芽期需要进一步分化，才能形成完全花，设施内的温度管理决定了樱桃萌芽进程，温度越高，萌芽速度越快。设施内白天温度过高，花期花柄变短，花偏瘦、柱头短或弯曲、花药的花粉量少等现象，影响坐果。叶片的生长发育也是关键因素，花叶齐发，生长速度相对平衡为宜。适当地控制局部的温

度，调整树体发育的整齐度，尽量同时进入花期，管理方便。在合理的范围内，适当地提高温度，加速芽体生长。不同的果农对果实上市时期要求不同，结合自身管理水平，对萌芽期设施内温度调控不尽一致。若白天温度控制在21～23 ℃，从升温到开花约需45 d；若白天温度控制在25～28 ℃，从升温到开花约需35 d；若白天温度控制在28 ℃以上，从升温到开花约需25 d。若萌芽期白天温度过高，应在花序分离期适当降低温度，避免温度过高影响花的质量。萌芽期夜间温度应保持在8 ℃左右，夜温过高，叶芽萌发速率加快，与花芽萌发产生竞争，影响花的质量；夜温过低，花芽萌发的速度快于叶芽，不利于花后树体生长发育。

地温的问题在生产中很容易被忽视，设施内地面接收的光照度由于棚膜和树体遮挡变弱，加之受光时间较短，地温较棚内气温回升慢，并长期偏低。土壤温度过低严重抑制了根系的活性，影响同化物的转化及植物细胞分裂素的合成，对果实生长严重不利，容易引起落果。因此，前期提高地温是相当必要的。生产中可以通过高畦栽培提高地温，具体方法：在树盘内用塑料薄膜起30 cm左右的小拱，留下管理操作行，其上覆盖地膜，其地温比单纯在地面上覆盖地膜要高3 ℃左右；有条件的棚户可以增设地温加热系统来提高地温。

② 调节湿度。保持设施内适宜的空气相对湿度有利于提高设施樱桃萌芽整齐度。湿度与温度成反比，在晴天下午2时左右，湿度最低；夜间的湿度基本维持在100％左右。萌芽前期覆盖地膜的设施樱桃，空气相对湿度低于未覆盖地膜的。土壤过度干旱，树体水分吸收不足，对萌芽有严重的影响。对于覆盖地膜的温室来说，土壤湿度变化不大；对于未覆盖地膜的温室，若土壤缺水，可小水补浇，切勿大水漫灌而延迟花期。当棚内空气湿度降至20％以下时，需要地面喷水加湿，防止湿度过低发生烤芽现象。

(2) 花期 蜜蜂授粉的情况下，花期白天温度控制在18～20 ℃；在喷施植物生长调节剂的情况下，花期白天温度控制在18～22 ℃。若温度过高，柱头容易失去黏性，影响授粉受精。两种授粉情况下夜间温度均控制在 5~8 ℃，若夜温过高，叶片大，新梢生长快，不利于坐果。开花期湿度以 45%～50% 为宜。早晨设施内气温达到 13 ℃时，拉开上风口排湿，棚膜不滴水即可关闭，可减少花期病害的发生。当下午 1 时，相对湿度低于 20%，可适量向地面喷水。花期尽量不浇水，否则会导致花期延长。

花期通风很关键，只开顶风只能降温，棚内无循环对流风。在有循环对流风的情况下，即使中午时段温度偏高，也不会有太大影响；若不通风，即使温度并不是很高，也会造成较大的损失。若是遇到阶段性高温天气，一定要在棚温升到 14~15 ℃时，便将边风打开，南北棚将顶部的放风口全部打开，将东面坡的保温覆盖材料下放至立肩靠下位置遮阳，中午过后将西面坡的保温覆盖材料放下，东面的卷起，并在棚内喷雾及地下喷水降温增湿，防止花器官快速老化、丧失活性、影响坐果。极端天气下如白天阴天降温或下雪降温，白天温室内气温和地温升不上来，夜间温室的温度很难保持，进而会影响开花和授粉受精。此时，有加温设备的温室，可通过加温来避免上述情况；而未安装加温设备的温室，可通过延迟揭帘、提早放帘、燃烧碳或木屑压缩块等办法，提高温度 1~2 ℃（燃烧加温的办法不可多用，燃烧过多，气体可对花产生危害）。

（3）果实发育期 在适合的温度范围内，温度越高，果实发育进程越快，成熟上市越早，经济价值越高。自然授粉的设施樱桃因果核内有种子，抵抗高温的能力稍强，温度控制可较施用植物生长调节剂的略高。夜温过高，易导致新梢旺长，与果实生长产生竞争，产生缩果现象；夜温偏低，果实发育进程慢，施用植物生长调节剂的设施樱桃幼果缩果风险性大大增加。生产中果实发育期温湿度调控如下：第 1 次果实膨大期白天温度 20~24 ℃，夜间温度 8~10 ℃，相对湿度最好达到 50% 以上，这样有利于幼果膨大；硬核期白天温度 18~22 ℃，夜间温度 8~10 ℃；第 2 次果实膨大期白天温度 20~24 ℃，夜间温度 10~12 ℃，果实完全着色后，白天的温度可以降低 1~2 ℃，保证果实完全膨大，夜间温度不宜过高，否则易导致新梢旺长，适当地晚放保温被，降低夜间温室的温度。湿度应控制在 50%～60%。下午 2 时左右设施内湿度低于 40%时，地面喷水提高湿度。果实着色期注意降低湿度，在第 2 次果实膨大期，清晨设施内气温达到 13 ℃，开风口排湿，可有效减少裂果。

2. 光照调控

设施果品普遍存在颜色浅、风味淡、可溶性固形物含量低及综合品质明显低于露天的情况，故提高品质成为栽培和育种工作中亟待解决的问题。果实的内在品质取决于糖酸比，该比值主要由可溶性糖和有机酸的种类、含量和比例决定，其中可溶性糖的积累主要来源于光合同化物的代谢与转运，受光合性能的影响。而设施栽培中由于透明覆盖物（棚膜、玻璃或板材等）的遮挡，减少了蓝紫光等短波光的透过率，这种光质环境变化可能是导致设施作物光合性能、产量及质量下降的主要原因之一。保护地栽培常因棚膜反射与吸收太阳光辐射而导致温室内光照环境弱，加之冬春季节光照时间短，设施内易形成弱光环境。樱桃是极喜光果树，对光照的要求高于其他落叶果树。全年日照时间要求 2 600～2 800 h。光照足够，则树体生长发育健壮，果枝寿命长，结果均匀，花芽充实，花粉发芽力强，坐果率高，果实成熟早、着色好、品质佳；光照不足，树体生长发育弱，结果部位外移，枝梢易徒长，叶片黄化脱落，结果部位外移，花芽发育不良，花粉发芽率低，坐果少，果品质量下降，硬度差，着色晚、果色差，可溶性固形物减少，果实成熟期延后。吴兰坤等研究表明，与自然光相比，1 100～1 500 $\mu mol/(m^2 \cdot s)$ 以下弱光处理均显著降低了樱桃坐果率、单果重、果实可溶性固形物含量和果皮花青苷含量，且以果实第一次膨大期处理对果实影响最大。

覆盖物主要是指塑料棚膜，塑料薄膜本身透光率不高，加之生产周期长及粉尘污染更加降低其透光性。使用棉被保温要比草帘的表面污染轻一些；高透光率薄膜要比普通薄膜好一些，特别是在薄膜材料表层进行静电处理的薄膜，着尘能力差，具有自清洗功能。

所以采用这样的材料，可以有效地改善透光性。有研究表明，温室条件下红灯具有较高的光饱和点和光合利用能力，但温室的低光照条件使红灯的净光合速率（Pn）明显低于美早；因此，温室栽培红灯时，应尽量提高棚膜的透光率，充分利用午间高光强进行光合作用，以提高红灯的光能利用率。温室内美早的光饱和点较低，室内光照强度容易达到其光饱和点，在温室中可适当密植以提高产量，午间适当加大通风换气，防止温室 CO_2 亏缺，保持美早较高的光合速率。

光照时间不足和光质环境变化可通过以下方法解决：在大棚内购置专用植物营养生长灯进行补光，能够提高养分的有效利用率。可以明显缩短相对生长周期，提高产量和品质，同样条件下提前上市 5～10 d，其收益远大于投资。而补光灯具有光谱性能好、节能环保、使用寿命长和光能有效利用率高等优点，是设施栽培中理想的补光光源。使用补光灯可以提高果蔬品质，增加口感，起到提质增效的作用；提前上市，大棚种植水果类、育苗类作物，平均提前上市 10～20 d；增产增收，开花坐果率高，作物产量提高 20％以上；减少病虫害，降低农药化肥使用；防止恶劣天气减产绝收。

虽然强调要提高棚内整体透光率，但在棚内有些区域透光率过高反而起到相反的作用。如到硬核期后，环境温度回升较快、光强度较高，特别是南北棚的西面，靠近棚边的树体部位，由于光强度较高，极易发生日烧现象，易导致落果，成熟时果实发软，减少收入；同样在花期时，这边的光强度较高，树体在强光照射下，温度远高于环境温度，超出其适宜温度范围，雌蕊老化加剧，严重影响坐果率，产量低。东西棚的南边同样存在这样的问题。因此，这些位置则需要降低透光率。此时需在棚外设置遮阴网降低光照，或这部分的薄膜直接用旧的；还可以将薄膜表面故意浊污，降低透光率；高光强时段经常给树喷水也有较好的效果（花期喷雾，坐果后喷水）。

3. 气体调控

二氧化碳是植物光合作用不可缺少的原料。植物叶片内的色素吸收太阳光能，将二氧化碳和水同化成有机物质。二氧化碳浓度的高低，直接影响植物光合效率，进而影响樱桃产量。在一定范围内，二氧化碳的浓度越高，光合速率越高，因在冬季严寒时期设施内密闭保温，在阳光和水分充足的情况下，由于樱桃叶片的光合作用，使二氧化碳浓度不断降低，影响樱桃光合作用的正常进行，从而影响樱桃的生长发育。研究发现，大棚和温室内二氧化碳浓度变化规律是：从下午 4 时密闭后，随着植物光合作用的减弱和停止，二氧化碳浓度不断增加，晚 10 时达到最高值，为 1 000 mg/kg 左右。这个浓度一直保持到翌日清晨揭帘前。这段时间棚内的二氧化碳气体主要来自植物的呼吸和土壤中有机物的分解。揭帘后随着太阳的照射，光合作用加强，二氧化碳浓度急剧下降，至上午 9 时二氧化碳浓度已低于外界，特别是晴朗无风的条件下更为明显，通风之前出现最低值。因此，及时补充二氧化碳就很重要。实践证明，晴天设施内二氧化碳浓度最好控制在 1 000~1 500 μL/L，阴天以 500~1 000μL/L 为好。目前设施中主要采取施用固体二氧化碳肥、二氧化碳发生器、多施有机肥、加大通风换气等方法来补充二氧化碳。

（1）施用固体二氧化碳肥 固体二氧化碳肥是一种富含二氧化碳的复合肥料，施用后可持续提供一段时间的二氧化碳。施用时应注意：施后要保持土壤湿润、疏松（覆土后不要踩实）；棚内放风可根据需要正常进行，但以中上部放风为好；施用时，切勿撒到叶、花、根上，以防烧伤；肥料存放不宜太久，且应置于低温干燥处。

（2）二氧化碳发生器 二氧化碳发生器的作用机理是利用酸碱反应法补充二氧化碳。应在晴朗天气，早上太阳出来后 1~2 h 内应用二氧化碳发生器。

（3）多施有机肥 多施有机肥是设施内补充二氧化碳最切实可

行的方法。试验证明，施入 1 000 kg 有机肥，最终可释放出
1 500 kg 二氧化碳。在酿热温床中施入大量的有机肥料，当发热量
达到最大时，设施内二氧化碳浓度可达到大气中二氧化碳浓度的
100 倍以上。

（4）加强通风换气 采用通风换气的方法来补充设施内二氧化
碳是简便易行、投入较少的一种方法，但要把握好通风时间。

在樱桃温室内补充二氧化碳时，应在花后开始施用。一般揭帘
前 0.5～1 h 即可施放，阴天少施或不施。施用二氧化碳后，可适
当提高棚内温度，以便充分发挥肥效。

（四）设施樱桃花果管理技术

1. 疏花疏果

为了提高棚栽樱桃的单果重，提高果实的整齐度及果实品质，
可采用疏花芽、疏花蕾、疏花及疏果等措施调整树体的负载量。通
过疏花疏果可以集中养分，减少无效消耗，从而提高坐果数量；增
大果个，改善着色及内在品质，提早成熟，从而提高水果商品价值
和经济效益。合理负载，维持树势中庸健壮，从而实现连年丰产
稳产。

人工充足时，如花量大，亦可适量疏花蕾以节约养分，提高坐
果率，可于花前或开花时进行，疏边芽，留中间芽。花芽萌发后疏
花蕾或疏花，可以起到节约养分、提高坐果率的作用，不过应掌握
疏晚花、弱花、疏发育枝上花的原则。萌芽前疏花芽，一般一个有
7～8 个花芽的花束状短果枝可疏掉 3 个左右的瘦小花芽，保留饱
满花芽 4～5 个。

2. 疏果

应在生理落果后进行疏果，一般在谢花后 1 周开始，3～4 d 内
完成，因为幼果在授粉 10 d 左右才能判断是否真正坐果。经生产
实践发现，早坐果的幼果比晚坐果的营养竞争更强，晚果如果不疏

除，长到一定程度自己也会落果。因此，为了避免养分消耗、促进果实发育，在保证产量的同时，疏果时间越早越好。疏果程度视全株坐果情况而定，优先疏除小果、畸形果及不见光、着色不良、晚果等。

3. 增加树体贮藏营养

樱桃萌芽开花过程需要的营养主要是上年树体的储藏养分，在果实硬核期，果实和长梢对长梢叶片氮素有相当的竞争力，营养不足或长梢比例不当易使营养生长与生殖生长矛盾加剧，造成落花落果。因此，要提高坐果率首先要抓好上年秋施基肥工作。基肥应早施，以有机肥为主，每 667 m^2 施 3～4 t；另外，在落叶前 1 周喷施 5％尿素溶液能增加树体储藏养分，同时还可以促使树叶早落，提前休眠；另外，春季树体萌芽前土施速效氮肥，满足开花坐果后的营养需求。

4. 辅助授粉

大部分樱桃属于异花授粉的品种，生产中需要配置授粉树完成授粉受精。授粉的品种要具有花期长、花量大、花粉好、与主栽品种能互相授粉等特点。另外，花器官的好坏决定了果实的产量和质量。只有花芽分化的好、花器官发育完全的花，才能完成授粉受精。不同品种、树势、树龄和位置，花期都不尽相同，尽可能选择花期一致的授粉树，是保证授粉的前提条件。若花期遭遇极端天气，虽然有设施的保护，但持续低温会使柱头遭受冻害。因受设施内环境等诸多因素影响，若无辅助授粉，每年产量将不稳定。辅助授粉一般分为昆虫授粉、人工授粉和植物生长调节剂辅助授粉。

（1）昆虫授粉 花期设施内放蜜蜂或壁蜂均有利于提高坐果率，且省工、省力，效果好。樱桃盛花初期，当樱桃花蕾露白时可放蜂授粉，生产中大多应用常规蜜蜂，根据蜂群质量确定用量，每 667 m^2 大约 2 箱。根据大连和烟台等地的调查，放蜂的樱桃园花朵坐果率提高 10％～20％，增产效果明显。也可用雄蜂或壁蜂，但这两种蜂较易飞到棚外跑掉。角额壁蜂（又名小豆蜂）是应用最多的一种壁蜂，中国农业科学院植物保护研究所生物防治研究室1987年从日本引进了角额壁蜂，现已在全国推广应用。角额壁蜂具有春季活动早、活动温度低、适应性强、活泼好动、采花频率高、繁殖和释放方便等优点，是设施樱桃园授粉昆虫中的优良蜂种。为避免伤害采花昆虫，花期禁止喷药，以免影响授粉。

(2) 人工授粉 授粉可利用采集的新花粉或贮藏花粉进行点授。采集混合花粉进行授粉，每千克鲜铃铛花可产带壳干花粉12.0～23.8 g。当年用不完的花粉，可于-20 ℃低温下干燥贮藏，翌年人工授粉用。在干燥、低温条件下贮藏的樱桃花粉其活力可长达1～2年，以其授粉的坐果率与当年新鲜花粉授粉的相近。人工授粉宜在樱桃盛花初期开始，连续授粉2～3次。授粉时花粉和水按1:2稀释，可用毛笔或橡皮头蘸取花粉液，点授到花的柱头上。也可用授粉器授粉，授粉器分两种，一种是球式授粉器，即在木棒或竹竿顶端，绑直径5～6 cm的泡沫塑料球或洁净纱布球；二是棍式授粉器，即在木棍或竹竿顶端，绑长50 cm的泡沫塑料，外包一层洁净纱布。人工点授，以开花的前1～2 d效果好。在山东省泰安设施大棚生产实践证明，自樱桃盛花初期开始，人工授粉2～3次，坐果率可提高10%～25%，但人工成本较高，适用于精细化管理。

(3) 应用植物生长调节剂辅助授粉 在设施内，受无风、低温、寡日照和蜜蜂出巢活动少的设施环境影响，传粉受阻，花后大量落果，出现坐果率极低的现象。大连地区通过多年的试用，研发出了温室樱桃坐果辅助药剂，解决了温室樱桃生产坐果不稳定的问题。近几年发展迅速。与其他授粉方式相比，辅助药剂具有果实发育一致、产量高（相对稳定）、成熟期集中等优点，但也存在管理要求高、人工成本高等缺点。辅助药剂，是根据果实生长发育所需要的植物激素，通过人工喷施的方法，代替前期种子的作用，来诱导养分和水分的运输。与种子相比，辅助药剂缺少的是持续性，因此要增加喷施的次数，从花期到硬核前需喷2～3次。根据生产实践，在配制植物生长调节剂时，每桶水（15～20 kg）加入两袋适乐时，代替食用大红起到花瓣上色的作用，同时预防花腐病。花量适中且开花整齐的树，在晃动树体有个别花瓣掉落时开始使用；花量大的树，在开花 40% 时使用。根据开花整齐度，花期喷施植物生长调节剂 1～2 次，可保证幼果发育相对整齐。在硬核前，花期使用辅助药剂的温室需要再喷施 1～2 次，来保证果实的正常发育（代替种子诱导养分运输）。

宋文亮等 2019 年研究发现，以设施樱桃美早为试材，于盛花期喷施外源 GA_3，促进了樱桃单花重量增加和花柄的伸长，但对花瓣长度无显著影响；显著提高了设施樱桃的坐果率，设施樱桃果实单性结实率均为 100%；促进了设施樱桃果实的生长，外施 GA_3 处理可以促进果实纵横径的增大且果实生长发育前期纵径生长优势大于横径果实，纵径和横径变化符合双 S 生长曲线。外施 GA_3 改变了设施樱桃果实 GA、IAA、CTK 和 ABA 的含量，诱导了单性结实。前期设施樱桃果实 IAA 和 CTK 含量均保持较高水平，而未检测到 GA_3，此时子房主要进行细胞分裂；后期设施樱桃果实 GA 维持较高水平，而 IAA、CTK 含量较低，此时果实增大主要是与细胞膨大相关。前期细胞分裂与生长素和细胞分裂素相关，而后期细胞膨大与赤霉素相关。GA_3 喷施浓度以 120 mg/L 处理的综合效果最佳，具有较高的应用价值。

张才喜等筛选了 8 种植物生长调节剂，包括细胞分裂素、赤霉素和植物生长素，在盛花期后 30 d 施用几种加入 N-（2-氯-4-吡啶基）-N′-苯基脲（CPPU）和 6-（3-羟基苄基氨基）嘌呤（mt-Topolin）的 100 mL/L 细胞分裂素可以显著改善果实重量；单独应用赤霉素可以改善果实大小和延迟果实成熟和外果皮着色，在盛花期后 9 d 施用 200 mg/L 的 GA_3 是改善果实重量（提高 15%）最有效的方法，施用 GA_3 和 $GA_{4/7}$ 后增加果实纵横径；合成生长素 4-氯苯氧基乙酸还刺激了阶段 I 和阶段 II 的更高的果实生长速率和果实颜色发育，但没有改善最终的果实大小。

5. 控制新梢旺长

设施栽培樱桃受地温和气温不同步的影响，主要是地温低，往往会出现叶芽先于花芽萌发或两者同时萌发，从而影响坐果。生产中一般通过覆盖地膜来提高地温。芽萌发后，有一个短暂的新梢初长期，一般 7 d 左右。开花期间仍继续生长，至谢花后能长至 5～10 cm。谢花后进入迅速生长期，结果树新梢在果实成熟前生长逐渐缓慢，果实采收后停止生长。如果新梢生长过旺，因坐果和果实膨大所需要的营养均来自当年的养分供应，则会造成大量落果，有的还会影响花芽分化。

春梢生长是在花后 1 周，一般 20 d 左右停止生长。为控制春梢生长，初花时根据树势，叶面喷布不同浓度的 PBO，树势强旺的喷 80 倍液，树势中庸的喷 100 倍液，树势弱的不喷。当春梢长至 10 cm 或新梢上新叶达到 7 片时，人工摘心，控制新梢旺长，促进新梢基部形成花芽，保证果实硬核期的养分供应。促进幼果早期发育，至果实临近着色时，及时通过扭梢、剪梢、摘心控制强旺新梢，背上直立、竞争枝可留基部 2～3 片叶重截，促发 2 个较弱的新梢。此时由于果实发育、新梢生长、花芽分化同时进行，养分供需矛盾十分突出，要勤施促果肥，果实硬核后加强水分管理（水分过多过少都会造成果实发黄脱落），最后还要加强疏花疏果，减少营养损耗。

6. 预防裂果

(1) 裂果原因 设施樱桃栽培中，裂果是影响果实品质的主要因素之一，若管理不当，裂果率可高达 50%，樱桃裂果后腐烂变质，失去商品价值。一般情况下，造成设施樱桃裂果的原因主要有以下 3 个方面。

① 遗传问题。樱桃的裂果敏感性与自身的遗传特征具有一定的相关性。从外观上来看，果个大的品种比果个小的品种更易裂果，果皮薄的品种比果皮厚的品种容易裂果。果皮弹性差的品种比

果皮弹性好的品种容易裂果。从解剖结构来看，果顶表皮细胞短、果皮厚、细胞排列整齐紧密的品种裂果程度较轻，果顶表皮细胞长、果皮薄、细胞间隙大、细胞排列松散的品种裂果严重。

② 水分原因，包括设施内空气湿度与土壤湿度。有研究表明，阴雨天气造成的设施内空气湿度和土壤湿度偏高，且空气湿度起伏较大，是樱桃果实膨大期果实裂果的主要气象原因。

在膨大期因阴雨天气，设施内空气湿度增大，使设施内光照减弱，光照时间减少，叶片蒸发量降低，迫使树体内过多的水分流入了果实。设施内过多过饱和的水汽，因昼夜温差大或夜间温度低，会凝结成水珠分布在果面上，水汽可通过果皮的气孔被吸进果实内，当其膨压大于果皮的耐力时，就会发生裂果。

雨过天晴后，突然揭膜放风面积过大，设施内湿度下降太快，湿度骤然变小，会造成大量裂果。据研究，日较差较大时，虽然增加了果实可溶性固形物的含量，但较高的糖分反而会吸收更多的水分进入果内。这样，果实内外多条渠道的供水大大增加了果肉的膨胀力，明显超过了果皮的承受力，从而导致设施樱桃果实裂果。这种气候降低了幼果表皮的韧性，为后期裂果埋下了潜在的危险。

土壤的忽干忽湿状态，也容易发生裂果。不适当灌溉，如大水漫灌，使土壤水分达到饱和，水分通过根系运输到果实，果肉迅速膨大，胀破果皮，造成裂果。调查发现不少果农在浇水上存在两个错误做法：一是谢花后 10～15 d 未及时浇水或灌水较少，而成熟前后大量浇水；二是被设施内地面真干假湿现象所迷惑，较长时间不浇水。由于设施内外温差较大，设施内湿度高，使棚膜上形成的水滴不时地落在不覆膜的地面处，造成地面 1～2 cm 深的土壤潮湿，而下部则是干旱缺水。这种真干假湿现象使不少果农萌生了"果园不旱、不需浇水"的错觉，较长时间不浇水，从而导致果皮的生长发育缓慢，成熟前后一旦大量浇水，果肉的膨压增大，造成裂果。

③ 其他。与露地栽培相同，土壤肥力差、施肥不平衡或果实中钙、钾含量低，同样会使树体抗裂果性降低，引起设施樱桃

裂果。

（2）樱桃裂果的类型 樱桃裂果可分为顶裂、梗端裂及侧裂3个类型。顶裂是发生在果实顶部小的裂口，梗端裂是围绕在果梗部位圆形及半圆形裂纹，顶裂及梗端裂裂痕浅，通常发生在果实发育早期，随着果实的生长，微裂伤口能愈合。樱桃裂果通常发生在果实顶部。较高的渗透浓度是果顶早期易出现裂果的主要原因，而且水珠易留存在果实顶部，因而这个部位发生裂口与吸收水分的时间过长有关。侧裂则通常发生很深，从果颊部发生，穿透果肉组织直到果核，侧裂引发的伤口大，易引起真菌及细菌侵染。延果梗/果顶方向的侧裂主要来自树体根部吸收通过维管系统进入果实的水分。前人研究表明，只在树下浇水，树冠不施水，果实发生大量的侧裂。相反，树冠施一样的水，土壤保持覆盖，果实顶部及梗凹出现裂纹。在露地下雨前摘掉叶片与未摘掉叶片比，侧裂显著降低，顶裂显著提高。这说明不同的吸水方式会产生不同的裂果类型。

樱桃从硬核到果实成熟，为果实第二次迅速生长期，果实细胞迅速膨大并开始着色，直至成熟，这是裂果发生的主要时期。

裂果在树冠外围发生较多，露在阳面的樱桃果实比在阴处的果实角质层弹性弱，易裂果，弱光及低温条件下可使角质层结构保持完整，强光易使果皮产生日灼，而日灼部位往往成为起裂点。而且外围的果实更容易遭受机械损伤和病虫等侵害，表皮韧性降低，产生裂纹。

（3）预防措施

① 品种选择。现在还没有任何一个品种能完全抗裂果，因此，选育高品质的抗裂果品种和分离抗性相关的基因是目前育种工作的重点。但是选育抗裂果品种需要多年田间试验和离体测试，而田间试验和实验室测定结果一直不很一致，得到比较客观的抗裂果数据是比较困难的。即使是同一个品种对裂果的抗性，也会由于果园位置、气候条件、发育时期不同而不同。根据现有资料和他人研究结果，像是萨米脱、黑珍珠、桑提娜等都属于比较抗裂的品种。

② 起垄栽培。实践证明，樱桃树生长在透气性和排水性能好

的土壤上比生长在黏重及排水不好的土壤上裂果轻。采取起垄栽培方式建园，以增强土壤通透性，防止下雨或浇水造成土壤水分过大而裂果。

③ 地面覆盖。在温室樱桃休眠后，可以覆盖地膜，保持湿度的同时还可以提高地温，促进树体提前萌发。覆盖地膜有两种方法：第一种方法，株间覆盖白地膜，行间覆盖黑地膜；第二种方法，全部覆盖黑地膜。白地膜有透光的效果，白天的温度高于黑地膜 $1\sim2\ ℃$，但防草效果不如黑地膜。覆盖地膜的温室，能减少灌溉的次数，也能稳定土壤湿度，有利于根系对水分的吸收，同时还能降低空气的湿度，可以说一举多得。

④ 小水勤浇。覆盖地膜的温室，浇水次数少或转白上色期不浇水，一样会裂果。小水勤浇，能维持土壤湿度，同时将肥料带入根系附近，利于树体吸收，对果实生长和叶片的质量都有很好的效果。$7\sim10\ d$ 浇一次小水，同时要带肥。肥的种类要根据不同时期树体对养分的不同需要选择使用。底肥和有机肥使用多的温室，果实营养均衡，能降低裂果比例。

⑤ 地面喷水（增加湿度）。在温室樱桃转白上色时期，每 $2\sim3\ d$ 下午 1 时，对地面进行喷水，增加空气湿度，确保湿度相对稳定。喷水还可以降低温室的温度，更有利于使樱桃处于适合的环境，确保果实更好的发育。可使用打药泵进行喷水，但要注意不要喷到叶片和果实，避免出现裂果的现象。

⑥ 改进设施内灌溉设施。改以往的大水漫灌为滴灌或小沟灌溉，确保棚内土壤湿度均衡，土壤湿度变化小，保证及时均衡供水。棚内浇水应掌握土壤湿润、空气干燥的原则。浇水时机要选晴天的早晨进行。浇水后要适时划锄，划锄后等地面较干燥时，再把土埂上的土，均匀回填到浇过水的地面。这样能够防止表土湿度过大，从而减小空气湿度，可有效地防止裂果、烂果和病虫害发生。

⑦ 调节棚膜的开放程度。根据棚内土壤湿度、空气湿度实时监测状况，适时调节棚膜的开放程度，使空气湿度保持在 55%，$5\ cm$ 土壤体积含水率在 16%。调控温、湿度，主要通过揭、盖保

温帘和启、闭通风窗、门或薄膜重叠部分风口来实现。要根据大棚内温湿度调整风口大小，勤扒勤调。早晨卷起保温被，温室的棚膜会有一层霜，阳光照入温室后，会形成水滴，此时空气湿度接近100%。若卷被后，打开上风口半小时，能明显降低空气的湿度，降低裂果的概率（温度虽然暂时有所下降，很快就会提升上来）。晚上盖保温被前，打开上风口半小时，同样也可以起到很好的效果。对于阴雨天，外界的湿度100%，最好关闭风口，防止温室内的湿度过大。放风时，少放前角肩风，多放顶风，减少因温湿度骤变引起的果实裂果。

⑧ 合理施肥。合理增施有机肥，提高设施果园土壤有机质含量，可增强樱桃树势，进而提高其抗裂果性能。生长期利用叶面肥适当补充钙、硼、锌等，能有效地减轻裂果。补充外源钙是减轻樱桃裂果最简单的方法，目前国内外多采取这种方法防止裂果。喷施钙肥能减少裂果10%左右。在采前7~21 d单独喷施0.5%的氯化钙水溶液或0.5%的氯化钙＋0.5%的蔗糖混合液，可以将裂果率从20.3%降到13.1%。

⑨ 铺设反光材料。果实采收前10~15 d，在树冠下铺设反光膜，通过改善果树冠层光照环境提升果实品质和商品性，是实现果树高效栽培的措施之一。但此类薄膜不透气，易破损，长期使用不利于根系呼吸，废弃后容易污染环境。透湿性反光膜是由聚乙烯纤维纺粘而成，重量轻、反射率高，具有反光、防雨和透气等功能，能重复使用3~5年，燃烧后生成二氧化碳和水。研究表明透湿性反光膜覆盖处理显著降低了樱桃果皮亮度和色度，果实着色更加充分，颜色更深。这与透湿性反光膜覆盖显著改善了樱桃树冠中下部的光照环境有关，该措施提升了树冠中下部红光和蓝光辐射照度，促进了光合产物由源到库运输，增加了果实糖含量，进而促进果实着色（张卓等，2019）。

⑩ 其他措施。有研究表明施用赤霉素可以增加樱桃表皮和角质层厚度，从而提高对裂果的抗性。但所用浓度及使用时间以及使用对象等都未见明确报道。施用多效唑也会降低裂果率，但是会导

致果柄缩短，平均单果质量下降。保水剂可以充分吸水并缓慢释放，能有效平衡土壤湿度，减少裂果。

（五）设施樱桃采后与病虫害防治技术

1. 设施樱桃采后管理技术

大棚樱桃采收后至落叶有近 8 个月的生长期，是营养积累和花芽分化的关键时期，直接关系着第二年的生长结果与产量。采摘后的管理往往被果农所忽视。在采摘后，控制好温室内的温度和湿度，保证植株的正常生长，减少二次花的发生；更要经常对树体进行观察，发现病虫害要及时防治，确保树体的养分回流，促进花芽分化，为翌年的生产打下良好的基础。

（1）及时去除覆盖物 果实采收近结束时要逐渐加大放风量，放风锻炼不得少于15 d。不能一次性去掉所有棚膜，防止环境骤变而引起叶片灼伤，甚至干枯落叶。夏季要及时罩遮阳网保护，防止高温灼伤叶片，遮阳网遮光率要在 30% 以下。

（2）及时补肥 果实采后追肥，又称为月子肥，在补充树体消耗的同时为花芽分化提供养分。此时追肥以速效性肥料为主，少用氮肥，适量施用磷、钾肥。由于撤膜后光照充足，树体会出现营养补偿性生长，氮素过量容易造成营养生长过旺，与花芽分化竞争养分。另外，果实采收后可根据树体发育情况及时进行叶面追肥，每隔15 d左右叶面喷施腐殖酸类或氨基酸类叶面肥或尿素 0.5%、磷酸二氢钾 0.5%（2～3 次），以提高叶片光合能力，增加树体营养积累。

（3）及时排灌水与中耕松土 追肥后应立即浇水，以后根据土壤墒情和树体生长状况适时浇水。樱桃既喜水又怕涝，雨季来临时，要做好棚内排水工作，避免积涝死树和出现严重的流胶病。建议采用高畦栽培、留排水沟相结合的栽培模式，并选用耐涝性较好的砧木，如考特（Colt）、马哈利砧等。每次灌水和雨后要及时中耕松土及除草，深度 10 cm 左右，改善土壤透气状况，促进根系生长。落叶后要清扫棚内杂草和落叶，消灭病原。

(4) 加强夏剪 由于樱桃成枝力弱且顶端优势极强，采收后补偿性旺长，故应加强夏季修剪，主要目的是削弱竞争枝势力，调节树冠内通风透光水平，更新复壮骨干枝和结果枝组，增加营养储备，促进花芽分化。夏剪方法主要是疏枝、摘心和拿枝，采收后对于背上过密的直立枝以及外围的密生枝，要及时疏除，"疏外养内"，保持通风透光。对于疏枝和缩剪后萌发的新枝，没有生长空间的也要及时疏除。注意修剪量不要太大。对部分长果枝、主枝延长枝等及时摘心，对发枝角度不好的枝及时拿枝或拉枝。

樱桃采收后到 6 月底，正是割大枝、调整树体结构的最佳时期。樱桃冬、春季节去大枝，锯口容易流胶，树势容易返旺，且"一旺三年不结果"，树势不稳定。而采收后去大枝，锯口流胶轻，可避免树势返旺，有利于稳定树势。樱桃对光照要求严格，这时去大枝，可以充分解决通风透光，减少无效枝叶，更有利于花芽形成，花芽多而饱满。去大枝时应遵循"疏去低位枝，留下高位枝"的原则，疏去距离地面 50 cm 以下的枝；"去长枝留短枝"，疏去超过株距 1/2 的枝；"去粗枝留细枝"，去掉粗度超过中心干 1/2 的枝；"去大枝留小枝"，去掉过于影响通风透光的大枝；"去密留稀"，去掉密集的大枝；对于生长过高的树，要根据树势强弱适当落头。对于疏枝的锯口，要用愈合剂或油漆涂抹，保护剪锯口。

(5) 预防高温干燥 在花芽分化期，高温干燥的天气易导致部分花芽雌蕊过度分化，翌年出现畸形果数量较多，另外高温干燥还会造成螨类的发生。因此，果实采收后要预防夏季高温干燥对树体的影响，要及时喷灌水和打开通风窗，加盖遮阳网。

2. 设施樱桃病虫害防治技术

对于建园早的设施栽培樱桃，由于连续多年反季节生产，树体老化、管理技术落后等因素，导致树势衰弱，樱桃病虫害发生逐年加重，坐果率降低，经济效益严重下降。具体表现在，樱桃病虫害发生时间提前，危害期延长。灰霉病、褐腐病、细菌性穿孔病、褐斑穿孔病、流胶病、病毒病等加重；桑白蚧、绿盲蝽、卷叶虫等年发生代数增加。另外，果实采收后，果农往往疏于管理，造成夏秋季桑白蚧、叶螨、桃一点叶蝉和穿孔性褐斑病危害加重。

做好病虫害防治就要棚内防治与棚外防治相结合，以农业防治和人工防治为基础，适当采用物理防治法，积极开展生物防治，合理使用化学农药，多种方法综合防治。生产中要加强管理，保持树体健壮，增强抵御病虫害的能力。同时适当采取物理防治措施，如黑光灯、频振灯诱杀蛾类、某些叶蝉及金龟子等具有趋光性的害虫；在秋季树干上绑草把，可诱杀螨类、蚜虫等越冬害虫；用糖醋液诱杀很多对其有趋性的害虫；利用害虫对黄色的趋性，用黄板黏胶诱杀蚜虫、潜叶蝇、白粉虱等害虫。积极采用生物防治，指利用有益生物或其代谢产物防治有害生物的方法，包括以虫治虫、以菌治虫、以菌治菌等方法。另外，要合理使用化学农药，使用中必须严格执行农药安全使用标准，减少化学农药的使用量。合理使用农药增效剂。适时打药，均匀喷药，轮换用药，安全用药。提倡使用害虫和病菌不容易产生抗药性、且持效期较长的波尔多液和石硫合剂等矿物源农药和植物源、微生物源农药，以及高效、低毒、低残留农药。

(1) 萌芽前 大棚覆膜前结合整形修剪病虫枝，清扫树下枝叶和杂草，集中深埋或烧毁。用钢丝球或硬塑料毛刷刮出枝干上的桑白蚧和其他介壳虫，并铲除树体上的病菌。升温1周后，喷施一遍清园剂，如40 g/L氟硅唑乳油制剂1 500倍液，介壳虫多的用杀扑磷或毒死蜱加渗透剂；升温10～15 d后，萌芽前、芽未吐绿、鳞片松动、有缝隙时喷施5～8波美度石硫合剂。在此期间，由于高温高湿，升温10 d左右，容易发生红蜘蛛，可以用三唑锡进行防治。结合整地，每667 m² 用10亿孢子/g的枯草芽孢杆菌粉剂100 g，对水15 kg，土壤喷洒。

(2) 花期 花序分离期，采用中生菌素或农用链霉素、新植霉素防治细菌性病害，腐霉利、异菌脲、甲基硫菌灵、多菌灵防治灰霉病；花前，喷施阿维螺螨酯2 000倍液和凯泽1 500倍液，预防红白蜘蛛和花腐病。

(3) 果实生长期 谢花后，及时喷施一次吡虫啉或啶虫脒防治飞虱，以免造成大量樱桃果实上的紫红斑点现象及绿盲蝽危害；杀螨剂用阿维哒螨灵；采用甲基硫菌灵、代森锌、苯醚甲环唑防治枝干和叶部褐斑穿孔等病害。硬核期后期是果实成熟期病害预防的关键时期，所用的药剂剂型一般选择水乳剂或悬浮剂较好，以免污染果面、影响品质。此时喷施一次杀虫和杀菌剂，能有效防止病害和虫害的发生。使用杀菌剂的浓度不易过大，可以选择广谱性的甲基硫菌灵（800 倍液）；杀虫剂主要针对的是红、白蜘蛛，可以选择三唑锡（1 000 倍液）。

(4) 采收后 采果后，随时观察温室内树叶的情况。应注意的虫害有：红白蜘蛛和食心虫等；病害有：早期落叶病和斑点落叶病等，及时打药进行防治。病害的发生容易导致提前落叶，迫使二次花大量开放，影响翌年的产量。揭膜后，用 72%农用链霉素可湿性粉剂 2 000～3 000 倍液＋8%甲维盐水分散粒剂 3 000 倍液，及时喷洒，防治细菌性穿孔病、叶螨、卷叶虫、叶蝉和桑白蚧等。防治枝干流胶病，把胶块连同流胶部位切除，用石硫合剂或硫黄拌黄泥浆糊上切口，以减轻流胶。6～8 月，喷洒 2 次药剂防治病虫害，以便保持枝叶生长和花芽分化。第一次用 70%甲基硫菌灵可湿性粉剂 600 倍液，第二次用 80%代森锰锌可湿性粉剂 800 倍液＋25%灭幼脲 1 500～2 000 倍混合液。同时，田间查找危害枝干的天牛蛀孔，用铁丝钩杀蛀孔内的幼虫，或用昆虫病原线虫灌注防治。

3. 设施樱桃土壤管理技术

设施栽培樱桃对土壤肥力要求较高，要不断培肥地力，提高土壤肥沃程度，为壮树、高产、优质奠定基础。

(1) 土壤翻刨 设施樱桃建园的土壤翻刨，有利于加深根系分布和促进根系生长发育，是壮树、稳产的一项技术措施。时期以秋季施肥后进行为好，既有利于消灭部分在土壤中过冬的病虫害、改善土壤的透气状况、增加土壤含水量，也有利于根系的生长，增强根系对养分和水分的吸收能力。土壤翻刨深度以 15 cm 左右为宜。翻刨可以与秋施基肥结合进行，将有机肥均匀翻入土内，有利于根系广泛吸收。应注意树冠内，特别是树冠周围要浅。

（2）改良土壤　由于设施内的特殊环境以及果农为了追求产量，不断加大的化肥使用量，使得土壤 pH 下降、微生物减少、有效肥料利用率差，导致设施樱桃产量降低、品质下降。棚内土壤环境恶化，一部分元素被固定，出现了生理缺素症，甚至有死枝、死树现象，直接影响设施樱桃产业的可持续发展。施用生石灰能够使产量提高 5% 以上，使果实的可溶性固形物提高 1%。这是由于连续使用生石灰改良表层土壤，使果园表层土壤 pH 恢复到 6.5 以上，施肥后的中微量元素形成交换性有效离子，树体营养全面，没有生理性缺素现象的缘故。由于樱桃生长最适宜 pH 为 6～7，当其生长环境 pH 适宜时，促进了根系的生长发育和营养的吸收和输送，提高了土壤肥料利用率，减少了化肥的使用量和肥料浪费，因此樱桃产量增高，品质变好。

（3）肥水管理　设施樱桃从萌芽、展叶、抽梢、开花和果实发育到成熟是集中营养消耗期，主要来源于树体的贮藏营养，由于棚内地温偏低，根系生长较为缓慢，加之光照相对偏低，从而导致光合产物交换速率偏低，极易出现较为严重的生理落果现象。因此，应加强露地生长阶段的肥水及合理的修剪，调控树势，做好植保等各方面的综合管理。在樱桃设施栽培中必须注重采果后和秋季 9～10 月这两个时期。

①采果后追肥。樱桃花芽分化的特点是：时间短、集中、快，形态分化主要集中在采果后 1～2 个月内。因此采果后要马上施肥，施肥量要足（占全年总施肥量的 60%～70%）。各种营养成分要全面，肥效要长而稳，使果树恢复体力，花芽分化才能顺利通关，花芽多而饱满，为优质高产打下基础。温室樱桃负载量多，树体营养消耗很大，采果后，需要人为补充肥料，促进其自身调节。在棚内所追的磷、钾肥还没有被充分利用，继续大量追施是一种浪费；氮肥可以适量追施，由于撤膜后光照充足，树体会出现营养补偿性生

长，需要适度补充部分氮肥。针对保肥水能力较好的土壤，可适度追施部分有机肥、生物菌肥、中微量元素肥和氨基酸类肥料或少量氮肥。作为黏土地、沙土地更要注重有机肥和生物菌剂及微量元素肥的用量。这段时期在结合喷药防治病虫害的同时，加强施用氮、磷、钾、钙、硼、铁等叶面肥，宜于花芽分化和对缺素症的防治。这段时间由于营养生长旺盛，可以适度控制浇水的量和周期，结合修剪管理，必要时应用生长抑制剂调控生长势，以免影响花芽分化。温室的叶片相对较薄，采果后，可喷施氨基酸类叶面肥，提高叶片的质量。叶片越厚，抵抗病虫害的能力越强，越有利于花芽的形成。7月至8月中上旬，出现持续高温干燥天气时，易导致部分花芽雌蕊过度分化，翌年出现畸形果数量较多，该时期应勤于叶面补充一些能够提高抵抗能力的中微量元素和功能性多糖类叶面肥，对减轻畸形果的发生有明显的作用。如 0.2％磷酸二氢钾＋疏调钙600 倍液＋润丰宝 500 倍液。

② 秋施基肥。秋季 9～10 月，基肥和叶面补肥尤为重要。基肥视当年的气候情况，宜早不宜迟，肥料的种类主要以有机肥、氮、磷、钙、硼、锌、镁和生物菌剂为主，有机肥量要大，应用充分腐熟好的农家肥时，如牛粪、羊粪、猪粪、兔子粪等，每 667 m² 用量 5～8 m³，商品有机肥每 667 m² 不少于 500 kg，氮肥以尿素为例，每 667 m² 用量 50～100 kg；磷肥以磷酸二氢铵或磷酸氢二胺为例，每 667 m² 用量 50～80 kg；要是用过磷酸钙则每 667 m² 100～200 kg；钙及硼、锌等可选用成品的中微量元素肥。追肥的方法，对健壮的树体可进行开沟断根法；偏弱树体应采用放射状或间断弧形状以免伤根过多，其本身根系活性较低若发不出新根易死树，追肥后及时浇水。进入 10 月，特别要重视叶面追肥，落叶前一般要喷施 3～4 次，分别为：前两次喷施 1％尿素＋0.3％磷酸二氢钾＋疏调钙 600 倍液＋络合铁 600 倍液；第三次喷施 3％～5％尿素；最后一次在霜降前 1 周左右，将尿素浓度加大到 10％～15％，促进叶片老化加速脱落。

③ 设施内生长阶段肥水管理。升温时结合灌水，施入适量腐

熟的饼肥或农家肥，尽量不破坏表层根系，否则延缓萌芽进程。花前灌1次小水，可施入适量的促根肥，有利于根系迅速生长。在幼果发育过程中以有机水溶肥和无机水溶肥结合使用，一般10 d左右施用1次水肥。在无机水溶肥方面，第一次果实膨大期以冲施均衡或高氮水溶肥为主；在第二次果实膨大期，以高钾肥为主。根据当年的负载量和树势，每株树施用100～300 g为宜。

④ 适时灌水。樱桃对水分反应敏感，既不抗旱也不耐涝，特别是谢花后到果实成熟前是需水的临界期，更应保证水分供应。一般发芽至开花前灌水1次。落花后花芽的苞片脱落，应避免浇水以防新梢徒长，或造成严重落花落果，或引起裂果。果实采收后结合追肥进行灌水，对树体恢复和花芽分化很重要。很多果农往往忽视水分的管理。温室土壤过干，容易产生大量的二次花，因此要经常检查土壤的墒情，适时浇水。

十二、植物生长调节剂在
樱桃生产中应用

（一）打破种子休眠

樱桃种子采后立即浸于 100 mg/L 的 GA₃ 溶液中 24 h，可使后熟期缩短 2~3 个月；或将种子在 7 ℃冷藏 24~34 d，然后浸于 100 mg/L 的 GA₃ 溶液中 24 h，播种后发芽率达 75%~100%。对当年采收的毛樱桃种剥去核壳，以清水浸种 24 h，剥去种皮再用 1 000 mg/L 的 GA₃ 浸泡 5 h 后播种，发芽率可达 56%。将新鲜樱桃果实的果肉去除并用清水进行冲洗，然后将种子的核壳砸去，用浓度为 100 mg/L 的 GA₃ 浸泡 48 h，放入纯净湿沙中培养，能显著地促进种子萌发，且发芽整齐。

（二）扦插繁殖生根

扦插是苗圃广泛应用的一种无性繁殖手段，在不易生根的品种或砧木上应用生长调节剂一般可获得满意的结果。植物生长调节剂可以提前或缩短樱桃插条的生根时间，学者普遍认为这是因为生长调节剂激活插穗细胞内生化物质代谢，保证了细胞分裂和分化过程中所需的营养，从而促进不定根原基的形成，并发育成不定根。对不同樱桃砧木嫩枝扦插研究表明，毛樱桃和对樱的自身扦插生根能力较强，吉塞拉 5 号、吉塞拉 6 号和考特的自身扦插生根能力中等，而马哈利、草原樱桃、CAB 和欧李的自身扦插生根能力较弱。

促进樱桃扦插生根的技术措施

（1）萘乙酸 对当年生樱桃砧木的半木质化枝条用 100 mg/L

的萘乙酸处理插穗，生根率达到 88.3%。毛樱桃绿枝扦插用 150 mg/L 的萘乙酸处理 1 h 或 200 mg/L 的萘乙酸处理 0.5 h，并用细沙作为基质扦插，可促进生根。对毛樱桃、对樱等樱桃绿枝扦插用 500 mg/L 的萘乙酸药液速蘸 2～3 s 可提高生根率。

（2）吲哚丁酸 对当年生樱桃砧木的半木质化枝条用 100 mg/L 浓度的吲哚丁酸处理 2 h 或 150 mg/L 的吲哚丁酸处理 1 h，并用炉灰作为基质扦插，可促进生根。

用秋起苗剪取的草原樱桃根段，选出直径大于 0.5 cm 的，剪成 5～7 cm 长，用 250 mg/L 的吲哚丁酸浸泡 2 h 或 100 mg/L 的吲哚丁酸浸泡 4 h，发芽率和生根率都较高。

（3）ABT 生根粉 将中国樱桃插条下端（约 5 cm）浸于 100 mg/L 生根粉溶液中 4～5 h，或用 1 000 mg/L 的生根粉药液速蘸 2～3 s，均可提高生根率。

（三）提高坐果率

樱桃每年都有大量的落花落果，保持必要的坐果率是樱桃栽培中的关键。生长素类、赤霉素类和细胞分裂素类的生长调节剂有提高坐果率的效应。Vgolik 研究得出在盛花后 7 d，在品种 Minister Podbielski 和 Hiszpank Czarna Popna 上喷施 2,4,5 - TP，使其结果量分别增加 19.5% 和 52.6%。盛花期和 50% 的落花期用 1 mg/kg 的 GA 处理酸樱桃树，坐果率可显著提高。PP_{333} 对品种 Moss Early 的坐果也有良好的影响，用每平方米 2.5～10 mg 活性成分的 PP_{333} 处理三年生的 Moss Early 树下土壤，能增加第 2 年的开花数，坐果率显著提高。但 PP_{333} 对品种 Levis 的开花、结实无显著影响，对樱桃 Giorgia 和 Morean 的坐果率有负效应，因此 PP_{333} 对樱桃坐果率的影响与品种的遗传性有关。多胺是植物体内产生的一类具有生物学活性的脂肪族含氮碱，对樱桃的坐果也有一定影响。Roversi 研究得出在樱桃 Bigarrean Morean 开花前喷施亚精胺，使坐果率从 17.17% 提高到 26.42%，在樱桃 35% 的花开放前的几天内用

10^{-4} mol 的腐胺处理，可使其结实率提高 10.14%。

防止落果的技术措施如下：

(1) 赤霉素 在盛花期每隔 10 d 叶面喷布 20～60 mg/L 赤霉素，连喷 2 次，可提高坐果率 10%～20%。大棚栽培樱桃在盛花期喷布 15～20 mg/kg 赤霉素和 0.3% 硼砂，幼果期喷布 0.3% 磷酸二氢钾，对促进坐果和提高产量效果显著。对 9 年生红灯樱桃于盛花期喷布 30～40 mg/kg 的赤霉素，显著提高了坐果率，坐果率达 50% 以上。赤霉素与 6 - BA 配合施用，提高坐果率的效果比单独施用赤霉素更显著。20 mg/kg 6 - BA 与 30 mg/kg 赤霉素配合使用时，坐果率高达 56.9%。

(2) 萘乙酸 中国樱桃在采前 10～20 d，新梢及果柄喷布 0.5～1 mg/L 的萘乙酸 1～2 次，可有效地防止其采前落果。但浓度过大时易造成药害造成大量的小僵果。而樱桃品种雷尼在采前 25 d 喷 40 mg/L 的萘乙酸药液，可防止采前落果。

（四）调控树冠生长

树冠的生长与内源激素有关，赤霉素（GA）和 IAA 能促进枝条的生长，而脱落酸则能抑制枝条的生长。因此，可用生长调节剂来调控樱桃树冠的生长。

1. 促进樱桃幼树生长

幼树迅速生长是早丰产的前提，试验证明，盛花和盛花后两周用 50 mg/kg 的赤霉酸处理酸樱桃 Montmorency 的幼树，可使树冠增大 20%～29%。在幼树移栽后的前 3 年连续作如上处理，可使栽植后 5 年的产量增加 40%，总收益比对照多 32%。使用 1 000 mg/kg 的普洛马林使樱桃品种 Bing 的 1 年生幼树的侧枝数从 1.0 条提高到 5.0 条，侧枝长度从 21.2 cm 提高到 29.6 cm，侧枝角度从 15.60 提高到 41.90，使用 2 000 mg/kg 的普洛马林效果更明显。在萌芽前 10～18 d 使用普洛马林促进短枝和侧枝数的效果较好。

2. 矮化树冠、抑制新梢生长

当樱桃幼树长到一定体积后，需要适当控制，以防群体过分郁蔽，影响开花、结果。此外，树体过大时不抗暴风雨，易倒伏，也不便于管理。在生产上除用矮化砧木外，也用生长调节剂来控制樱桃树冠的生长。500 mg/kg 的乙烯利加 1 500 mg/kg 的 B_9 是一种较好的药剂组合，可使品种 Durone Nerro 以及 Bigarreau Morean 的节间缩短，树干中下部的有效分枝增加。多次使用药剂能抵消乔化砧木对接穗的影响。开花后两周喷洒 2 000 mg/kg 的 B_9，花后 1~4 周各喷 100 mg/kg 的乙烯利。收获后再喷 200 mg/kg 的乙烯利，使嫁接于乔化砧木上的樱桃 Bing 矮化，有利于密植。

不同品种对 PP_{333} 的敏感性不同，多次处理不敏感的品种也能收到矮化效果，品种 Moss Early 较为敏感，在花期用 2~5 mg/m² （土地）的 PP_{333} 处理树下土壤，5 周后使三年生的 Moss Early 的树冠生长减弱，到秋末，其生长量下降了 20%~50%。

（五）调节果实成熟

樱桃属于非呼吸跃变型果实，与呼吸跃变型果实相比，樱桃果实成熟及贮藏过程中的乙烯释放量很小。研究发现，樱桃果实后熟过程中乙烯释放量显著增大，并像呼吸跃变型果实一样积累 ACC 和 MACC，未成熟樱桃果实采后乙烯释放量仍然保持在一个极低的水平上，但当果实进入后熟阶段时期则大幅上升，直至果实达到完全成熟。对未成熟樱桃果实进行采后乙烯处理可以造成呼吸强度和乙烯释放量的提高。

调节果实成熟的技术措施如下：

（1）乙烯利 中国樱桃采前 1.5 周喷施 200~400 mg/L 的乙烯利溶液可显著促进果实的集中成熟，提前 4~5 d 成熟，但用高浓度的乙烯利处理易引起采前落果。

（2）6 - BA 樱桃采摘后用 10 mg/L 的 6 - BA 药液浸果，在

21 ℃条件下保存 7 d，可保持果梗绿色和果实新鲜，减少贮藏期的鲜重损失。

（六）防止果实裂果

裂果严重影响了果实的品质。樱桃裂果是果实接近成熟时，久旱遇雨或突然浇水，由于果实吸收水分增加膨压或果肉和果皮生长速度不一致而造成碎裂的一种生理障害。应用生长调节剂等技术措施可减少樱桃果实裂果，改善果实品质。

减少果实裂果的技术措施如下：

（1）萘乙酸 采收前 30～35 d 喷布 1 mg/L 的萘乙酸可减轻遇雨引起的裂果，并有效减少采前落果。

（2）CPPU 那翁樱桃在花后 13 d 喷布 20 mg/L 的 CPPU 可减轻果实的裂果，促进着色，而对单果重、可溶性固形物等影响不大。

十三、采收贮运保鲜

（一）采收

1. 品种

樱桃果实的耐贮运性品种间差别很大，一般来说，硬度大的品种更耐采后处理和贮运。目前国外种植的多数主栽品种都属于硬度较大的硬肉品种，如早熟品种秦林、黑珍珠、布鲁克斯、桑提娜、珊瑚香槟等，中熟品种宾库、本顿、紫红珍珠、乌木珍珠、雷尼等，晚熟品种科迪亚、拉宾斯、斯科纳、雷吉娜、甜心等。红灯是我国育成的主栽品种之一，成熟后果肉变软，与其他品种相比不耐贮运，这也是很多地方樱桃采收过早、口感差的原因之一。今后发展新果园，应考虑采后处理和贮运的要求，选择适合当地条件表现好的硬肉品种。

地区不同、海拔不同、年份不同、气候条件（光热水资源）不同、栽培设施不同、品种不同、砧木不同，樱桃的成熟期也不相同，但在同一产区和果园，同一栽培条件下，品种的成熟期顺序一般是相同的。对于特定品种，天气越冷凉成熟期越晚，因为温度低、花期晚、果实发育慢。要根据产地气候条件、品种构成、成熟期长短等，提前安排好采收和采后处理的人员、材料物资、设施设备、销售宣传等工作。

一般来说，硬肉、高糖、大果的樱桃具有较好的商品性、耐贮运性和销售价格。农艺措施对樱桃的果实大小、品质和耐贮运性影响很大，要做好通风透光、合理负载和水肥管理，采前做好防止裂果和病虫害尤其是果蝇的防治，特别是注意在果实生长后期要控制好氮肥的使用量，增加钙素营养，正确使用生长调节剂，保证生产的樱桃果实果个大、品质好、耐贮运、商品性状优良。

2. 采收成熟度

樱桃是非呼吸跃变型果实，采收后没有后熟过程，采收时的品质就是最好的品质，随着采后时间的延长，品质逐渐下降，采后处理和贮运就是为果实提供一个最好的环境条件，减缓质量的下降。因此樱桃应尽可能充分成熟时采收，才能获得最佳风味和品质。通常根据市场客户要求、果实成熟情况、物流运输距离、果实用途和采后处理方式条件等综合确定采收成熟度。采收过早则樱桃果实小、颜色浅、糖度低、酸度大、风味淡、品质差；采收过晚则果肉变软，易产生机械伤害，不耐采后处理，易腐烂，易失水皱缩，果柄易失水变褐，发生降雨裂果、大风及干热风损失、病虫害、落果等风险增加。因此，确定适宜采收成熟度，适时采收十分重要。

成熟度一般根据果实口感风味、可溶性固形物含量、果肉硬度、颜色和果实大小等综合考量确定，成熟果实应充分发育，并且显示出品种固有的适宜成熟状态。雷尼等浅色（红晕或黄色）品种，一般要求底色褪绿变黄、阳面开始有红晕，可溶性固形物含量达到16％以上；红色、深红、黑红等深色品种，要求果面已全面着红色，并达到该品种应有的色泽，可溶性固形物含量一般要求达到14％以上（表13-1）。

当地市场鲜销的樱桃，应在樱桃成熟度较高或完全成熟时采收。采后应尽可能在最短的时间内销售完。需贮藏或长途运输销售的樱桃应选择耐贮运品种，一般选择晚熟或中晚熟的品种，在果实外观和内在品质达到要求且果实硬度较高时采收，避免采收过早或采收过晚。

3. 采收

采收环节的关键技术要求：一是尽可能使果实处于较低温度环境，二是控制好果实和果柄的蒸腾失水，三是避免机械伤。

表 13-1　推荐采收成熟度色卡值（仅供参考）

品种	适宜采收色卡值
红灯	4～5
美早	5～6
萨米脱	4～5
斯太拉	4～5
拉宾斯	4～5
先锋	4～5
甜心	4～5
布莱特	3～4
瑞吉娜	5～6
海德芬恩	4～5
秦林	5
宾库	5
斯科娜	4～5
布鲁克斯	3～4
艳阳	3～4
西蒙	4～5
汤姆	5
唐	5～6
黛姆罗玛	5～6

采收应根据果实成熟度，分期分批进行。宜在光照度适宜、气温较低时进行，避开雨雾天和高温时段，一般安排在凌晨至上午10时以前。研究发现，果温较低时采收的果实果肉硬度较高，而且在之后的贮运中，果实也会保持比较高的果肉硬度。大棚樱桃的采收也应遵循同样的要求，采收时的大棚（果实）温度应尽可能地低一些。雨天采收会加重病原菌对果实的侵染，导致腐烂增加，因此采收一般选择晴天或阴天进行，避开雨天。

采收时宜戴洁净软质手套，以免伤及樱桃果实。采摘时捏住果柄轻轻往上掰动，连同果柄采摘，防止果实产生碰、压、磨、刺等机械性伤害，并随时剔除病虫果、软化果、畸形果、机械损伤果及残次果，同时去除杂质。采收容器应清洁干燥、底部平整、内壁平滑，内置柔性垫层材料。采收容器内装果深度适宜，一般不高于25 cm。

采摘时要注意安全，梯子要摆放牢稳。采摘要先下后上、先外后内，注意不要给树体造成损伤。从采摘容器倾倒樱桃果实到大箱时，要放低轻轻倒出，避免樱桃发生机械损伤。采收时发生的机械损伤在采收当时看不出来，在贮运期间就会表现出来，严重影响品质。调查发现樱桃果实上的机械伤一般一半以上都发生在采收环节，因此要特别重视对采摘人员的培训，注意对各个环节的细节指导和监督。

采下的樱桃应尽快运往包装场处理，在此期间，避免日光直晒，应在田间对采收到周转箱中的樱桃进行遮阴和覆盖，减少果实和果柄的蒸腾失水。调查发现，在日光直晒下，表层樱桃果实温度在 10 min 内就会升高 5 ℃，周转箱里的果实温度会在 2 h 内升高到30～35 ℃，而在阴凉处的果实温度则只有 20 ℃左右，与果园的气温接近。有覆盖的樱桃果柄含水量要比没有覆盖的高 8%～10%。因此在田间短时放置和运输途中，遮阴和覆盖十分重要。果实采摘后应集中放在田间搭建的凉棚遮阴处或树荫下，避免日晒。暂存和运输过程中，宜采用湿的棉布、海绵、反光膜或其他防晒、隔热、保湿材料等进行覆盖，这样可以防止果实温度上升，在果实周围保持较高的相对湿度，减少果实特别是果柄的失水失重，防止果柄褐变，减轻贮运期间发生的果实凹陷。

樱桃采收后要尽量减少倒箱次数，有条件时可准备足够的采摘桶，采摘后把采摘桶固定在大的周转箱中运输，特别是对于碰压磨伤后容易发生和表现出褐变的浅色（红晕和黄色）品种，应当采用这种方式。采收后应尽快进行预冷入库，有利于提高樱桃的贮藏质量。

（二）预冷和分级

1. 预冷

预冷是将采收后的樱桃果实温度，尽快地冷却到贮藏温度的操作过程。樱桃采收后，要求尽快送到包装场进行预冷、分级、包装和贮藏。一般要求采后 2～4 h 内进行预冷处理。

预冷是樱桃冷链流通的第一个关键环节。预冷及时与否关系到樱桃采后能否保证鲜度和品质。樱桃采后及时预冷，可有效降低果实的呼吸强度，减少有机物质的消耗，保持果实硬度，延长樱桃贮运期。及时预冷降低温度还可以降低腐烂病菌体内各种酶系统的活性，从而抑制病菌生长，减少果实腐烂的发生。预冷降温还可以提高果实的硬度，减少分级操作中产生的机械伤害。采收后要求尽快预冷，分级包装处理前，要求果温降至 7～10 ℃，在此温度下樱桃果实不易发生机械伤。分级包装后，预冷要求果温尽可能降至贮藏要求温度（0 ℃）。

樱桃预冷的常用方法主要有风冷和水冷。

（1）风冷 风冷可分为冷库内自然静置降温和强制通风预冷（或称差压预冷）。

① 冷库内自然静置降温。是将采收后的果实放入冷藏库内或加大制冷能力的预冷库中，依靠库温和果温的温差和库内气流将果温降下来。这种方法果实降温速度较慢，预冷时间较长，一般需要 12～24 h。但冷库内自然静置降温预冷，可将预冷与贮藏结合起来，减少设施投资，使用时要注意根据冷库的制冷能力，控制每天入库的果实数量，并要注意库内的堆垛方式，使其留有足够的空气通道，不要使用隔热的泡沫箱，以利于樱桃果实的散热，也可在樱桃上覆盖湿纱布等材料，以减少果实和果柄的失重。

② 强制通风预冷（差压预冷）。是使用专用预冷设备，或在预冷库中建造强制通风预冷设施，或使用移动式预冷风机，形成压力差，以负压形式强制冷风通过待预冷的果实。强制风冷一般使用低

于贮藏的温度（专用设施）或冷藏温度（冷库内移动预冷设备），强制通风预冷一般需要 $2\sim6\ h$，一般用于樱桃包装后的二次预冷降温。

静置降温预冷和强制风冷都会使樱桃果实失去一定的水分。强制风冷效果优于冷库静置降温。使用强制风冷预冷时，要注意不要有气流短路，注意使不同位置摆放的樱桃降温速度一致，风速要控制不要过大或过小，风速过小降温速度慢、时间长，风速过大会使果实和果柄失水加重，要注意调节合适的气流速度，适时结束预冷，以免过度预冷造成温度过低发生冻害或失水过多。

（2）水冷 是将樱桃果实放入冷水中进行降温的方法，樱桃水预冷时间较短，一般只需要几分钟的时间。根据设备类型，又可分为喷淋式水冷和浸入式水冷。为防止病菌传播导致果实腐烂，预冷用水要进行杀菌消毒，可使用次氯酸钠、二氧化氯等消毒剂，使用时注意使用浓度，浓度过高时会对樱桃果实表皮产生伤害，在使用中要定期测定预冷水中的消毒剂的浓度，浓度低时及时补充。在预冷过程中，预冷水中要保持一定的消毒剂浓度含量，以降低腐烂风险。预冷水温一般控制在 $0\sim5\ ℃$。

在这些预冷方式中，水冷的效果最好、效率最高。与风冷方式相比，水冷速度快，一般从 $25\sim30\ ℃$ 降到 $7\ ℃$ 只需要几分钟的时间，水冷能够显著降低果实失重率、腐烂率和果柄的褐变，延缓果实颜色加深和果实硬度的下降，保持较高的可溶性固形物、可滴定酸含量，延长贮运和货架期。水冷还有清洗的作用，在预冷水中添加消毒剂，对樱桃还有表面杀菌的作用，樱桃经过水冷后，果实更加洁净和安全。

目前，世界各樱桃主产国在樱桃采收后、分级前及分级线上，主要使用喷淋式水预冷设备，在樱桃分级包装后使用强制风冷。我国樱桃预冷技术起步较晚，目前多数企业使用冷库静置降温预冷，也有一些企业开始使用效果更好的水预冷设备。

使用水预冷时要严格进行预冷水的消毒，预冷水中要按照要求添加消毒剂，并要经常监测，因为水会促进腐烂微生物的生长和传播，只有严格水消毒，同时起到果实清洗和表面杀菌的作用，才能保证水预冷的安全性。长期贮运的樱桃，使用喷淋式水预冷设备时，出水槽到樱桃的落差超过 30 cm 时，要在樱桃周转箱上面加一层缓冲网，以减缓水流的冲击力，避免樱桃因水的冲击产生机械伤。

樱桃预冷后即进入分级工序，不能马上进入分级工序时，可置冷库中暂存。

2. 分级

樱桃分级分为人工分级、机械辅助分级和光电智能分级 3 种方式。

（1）人工分级 是全靠人工，按照樱桃果实大小、外观、颜色和瑕疵，把樱桃分成相应的不同规格等级。

（2）机械辅助分级 可提高分级效率，是使用机械设备把樱桃按照直径（平行滚轴式）或重量（称重式）分成不同大小规格，机械设备分级不能剔除外观、颜色和有瑕疵的果实，按照直径分级的设备分级的准确度一般为 60%～80%，机械设备分规格后，要进行人工挑拣，剔除外观、颜色、瑕疵、大小等不符合规定的果实。

（3）光电智能分级 是使用拍照和近红外等方法，依靠计算机根据樱桃的直径大小、颜色、瑕疵、软硬度、糖度等，将樱桃分成不同规格等级，光电智能分级一般也需要在光电分级设备前设置机械分级设备，以提高工作效率，在光电智能分级后设置人工再次检查分拣，以确保分级质量。智能分级设备投资极大，其使用受目前我国樱桃产业发展水平的限制。

目前我国绝大部分是采用人工分级方式，要改变过去那种堆在地上进行分级的方法，建议使用分级台等，可以提高分级效率、减少碰压磨刺等机械伤。

3. 质量等级要求

樱桃的质量等级和规格要求，一般是规定最低质量标准（等级、规格）和容许度要求，以应用于解决贸易纠纷。我国对樱桃质量等级的要求主要有国家标准 GB/T 26906 和农业部行业标准 NY/T 2302，此外还有山东省地方标准 DB37/T 3687 等。国外樱桃等级标准主要有联合国欧洲经济委员会（UNECE）标准、经济合作与发展组织（OECD）标准、美国标准等。

（1）对果实大小的规定 国内习惯使用单果重量（g）区分樱桃的规格大小，国外一般是按照直径分规格，单位以行（ROW）或直径（单位 mm）两种分类，以行为标准的地区有美国和加拿大，其他则以公制单位 mm 为准，如新西兰和澳大利亚，智利则是使用特别尺寸单位 J（表 13-2）。OECD 的标准规定，樱桃果实的最小直径特级果不得小于 20 mm，一级和二级果不得小于17 mm。

美国和加拿大的规格尺寸：行（ROW）是美国和加拿樱桃产业用于测量和描述果实大小的用语。最初是在包装盒的最顶层整齐排放果实，每行排放的果实数量，代表了樱桃果实的大小。例如，每行能摆放 10 个樱桃果实，则这样大小的樱桃称之为 10 行（ROW）（图 13-1、表 13-3）。

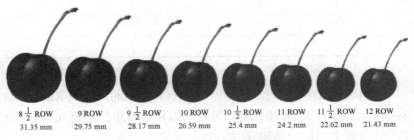

| $8\frac{1}{2}$ ROW | 9 ROW | $9\frac{1}{2}$ ROW | 10 ROW | $10\frac{1}{2}$ ROW | 11 ROW | $11\frac{1}{2}$ ROW | 12 ROW |
| 31.35 mm | 29.75 mm | 28.17 mm | 26.59 mm | 25.4 mm | 24.2 mm | 22.62 mm | 21.43 mm |

图 13-1　行与直径的对照

美国和加拿大的樱桃现在还是按照行（ROW-SIZE）进行分规格大小，但是已不再像过去那样成排摆放，而是在分级包装线上按照大小自动化机械分级。行（ROW）的数字越小，果实越大。

表 13 - 2　智利、澳大利亚、新西兰、智利等的规格尺寸

俗称	直径（mm）	符号
4 勾	＞32	XG \ SG \ XP \ SP \ XXXJ \ XXSJ
3 勾	30～32	G \ P \ XSJ \ SXJ \ XXJ \ SSJ
双勾	28～30	XJ \ SJ \ JJ
单勾	26～28	J
XL	24～26	XL
L	22～24	L

表 13 - 3　行与直径的对照

行（ROW）	英寸[①]	mm
8.5	79/64	31.4
9	75/64	29.8
9.5	71/64	28.2
10	67/64	26.6
10.5	64/64	25.4
11	61/64	24.2
11.5	57/64	22.6
12	54/64	21.4

① 英寸为非法定计量单位，1 英寸＝25.4 mm。——编者注

表中字母的代表含义为：G＝GIANT 巨大的，P＝PREMIUM 特级的，S＝SUPER 超级的，X＝EXTRA 额外的、更加的，J＝JUMBO 较大，L＝LARGE 大。

有些品牌的樱桃会在标注级别后加上 D 或 L，D（dark）代表深色果，L（light）代表浅色果。

（2）对樱桃质量的规定　以山东省地方标准的规定为例。

① 基本要求。所有级别的樱桃，应符合以下基本要求：

完整，只要果皮没有受损并且没有严重的汁液渗出，缺少果柄

不认为是瑕疵；

完好，腐烂或变质不能食用的产品除外；

洁净，几乎无任何可见的异物；

外观新鲜；几乎无害虫；

果实硬度（根据品种）；

无异常外来水分；

无任何外来的气味和（或）滋味；

樱桃的发育程度和状态必须使果实能够耐受住运输和处理操作，到达目的地时状态良好。

② 质量等级。在符合基本要求的前提下，樱桃果实分为特级、一级、二级，具体要求见表 13-4。

表 13-4 樱桃质量等级标准

要求	特级	一级	二级
品质	本级别的樱桃必须品质极优。必须具有该品种的特性	本级别的樱桃必须质量优良。必须具有该品种的特性	本级别包括不符合较高级别但符合上述基本要求规定的樱桃
瑕疵	除不影响产品总体外观、质量、贮藏品质和包装展示的极轻微的表面瑕疵外，果实必须无瑕疵	如果不影响产品总体外观、质量、贮藏品质和包装展示，允许以下轻微瑕疵：外形上的轻微瑕疵；着色上的轻微瑕疵	如果在质量、贮藏质量和展示上能够保持樱桃的基本特性，允许存在以下瑕疵：外形瑕疵；着色瑕疵；表面已愈合的小伤疤

③ 质量容许度。特级：按数量或重量计，最高允许 5% 的樱桃不符合本等级质量要求，但应符合一级的质量要求。在此容许度内，允许总量不超过 0.5% 的樱桃符合二级的质量要求，不超过 2% 的樱桃可以为裂果和（或）虫蛀果。

一级：按数量或重量计，最高允许 10% 的樱桃不符合本等级质量要求，但应符合二级的质量要求。在此容许度内，允许总量不超过 1% 的樱桃既不符合二级的质量要求，也不符合基本质量要求，或者有腐烂为害，不超过 4% 的樱桃可以为裂果和（或）虫蛀果。

二级：按数量或重量计，最高允许 10% 的樱桃既不符合本等级的质量要求，又不符合质量基本要求。在此容许度内，允许总量不超过 4% 的樱桃为过熟果、裂果，或虫蛀果或有腐烂为害。

（3）对展示和标识的规定　每一个包装中的产品必须一致，包装中樱桃只来自相同产地、相同品种和相同质量。果实尺寸必须均匀。特级樱桃着色和成熟度必须一致。包装中可见到的部分必须能代表包装中所有部分的状况。包装容器应清洁干燥、平整光滑、无污染、无异味，包装容器不可过大、过深，具有一定的保护性、防潮性和抗压性，符合新鲜水果贮藏、运输和销售的要求。如果使用无毒油墨或胶水进行印刷或贴标，允许使用印有贸易规范的纸张或标签等材料。粘贴在果实上的标签，应确保在去除后不会留下可见的胶水痕迹，也不会导致果皮瑕疵。包装内不得有异物。标签标识应包括包装商或发货商的名称和地址、樱桃或樱桃品种名称、产地、级别或尺寸、净含量等。

（三）贮运与保鲜

1. 贮藏

（1）贮藏前准备　樱桃贮藏前要对库房和用具进行清扫和消毒，可使用冷库专用熏蒸消毒剂。对库房消毒一般处理后经 24 h 密闭，然后通风 1～2 d。要检查和调试冷库设备，确保所有设备运转正常。樱桃入库前 1～2 d，开机将冷库温度降至设定温度。

（2）入库和堆码　樱桃入库码垛，应按不同的品种、产地、等级、规格、批次分区（库）存放。要注意整齐稳固，码垛排列方式、走向及垛间隙，应与库内空气环流方向一致。有条件时尽量使用托盘和叉车，以提高效率，减少装卸和码垛时间及可能产生的机械伤害。

（3）贮藏　樱桃适宜采用冷藏和自发气调贮藏。对于多数樱桃品种，适宜贮藏条件为：温度－1～0 ℃；相对湿度 90％～95％；氧气 5％～10％，二氧化碳 10％～15％。有些品种如斯科娜（Skeena），需要较高的氧气浓度（8％～10％）。如果温度升高，樱桃发生无氧呼吸伤害的风险会加大，因此气调贮藏和运输中要严格控制好温度，一旦不能保证所要求的温度，则要将气调包装袋打开，以免樱桃发生伤害。

樱桃在低温下乙烯生成量很小，但樱桃对外源乙烯或伤乙烯也比较敏感，会刺激和增加樱桃的呼吸，加速樱桃质量损失。乙烯也会刺激促进腐烂微生物的生长，增加腐烂率。因此，贮运中使用乙烯抑制剂（1－MCP）或乙烯吸附剂，对樱桃品质保持和减轻腐烂也有显著的效果。

樱桃入库初期，要及时进行除霜处理。贮藏过程中应保持库温和果温稳定，库内果实温度变化幅度不宜超过 1 ℃。冷库最好安装温湿度监控装置，及时掌握冷库状况，防止出现意外。贮藏期间应定时监测、记录温湿度和气体成分，定期进行抽样检查，及时剔除不符合质量标准的产品，做好相关记录，根据变化情况及时出库销售。

(4) 出库 出库时，交接双方应确认出库产品的品种、数量、产地、等级、质量、温度、包装和时间等信息。

2. 运输

樱桃采后应一直保持低温状态，保持整个冷链不间断。宜采用控温运输，短距离运输（运输时间为 1～2 d 时），运输温度可控制在 8～12 ℃；中距离运输（运输时间为 4～6 d 时），运输温度可控制在 4～8 ℃。长距离运输（运输时间超过 8 d 时），运输温度应控制在 0～4 ℃。使用机械制冷车运输时，货物装载应保证车厢内空气流通，货物与厢壁应留有缝隙，货物与车门之间宜保留至少 10 cm 的距离，天花板和货物之间宜留出至少 25 cm 的距离，使用固定装置防止货物移动。运输途中，应保持平稳，减少起伏和震动。

3. 销售

樱桃采后应一直保持低温状态，保持整个冷链不断链，可采用冷藏货架或冷柜进行展示和销售。销售环境宜控制在 10 ℃以下。即便在 10～15 ℃的条件下展示销售，货架期也会比常温下大大延长。销售场地及冷藏柜应保持清洁，定期消毒。

4. 樱桃低温贮运保鲜期间的主要问题

樱桃采后长时间低温冷藏贮运的主要问题有：果柄失水褐变、果柄脱落、果面凹陷（pitting）、果实冷害和失去表光等。

（1）果柄失水褐变　防止果柄褐变要从采收开始，采收时要注意避免果柄的机械伤害，采后要遮阴覆盖防止果柄失水，尽快预冷降温，分级包装操作要快并要注意防止机械伤，贮运要保持低温及减少温度波动，保持果实环境较高的相对湿度，气调包装（MAP）和 1－MCP 都对果柄的保鲜保绿具有良好的效果。

（2）果柄脱落　果柄脱落是樱桃长期冷藏贮运后存在的问题，有时脱柄率可在 20% 以上，严重影响樱桃的商品性状。樱桃果柄脱落是果柄和果实之间形成离层导致的，采收过晚、果实成熟度高时，果柄脱落率增加。目前还没有找到能有效防止樱桃果柄脱落的办法。

（3）果面凹陷　果面凹陷是影响樱桃品质的重要问题。其表现是在果面上出现凹陷，随着贮运时间延长，凹陷会逐渐加大，货架期中一些樱桃会首先在凹陷处发生腐烂。果面凹陷的主要原因是机械伤，樱桃果实发生机械伤后，伤处皮下组织呼吸异常，水分丧失较快，皮下组织数层细胞死亡，果面塌陷。深色樱桃的果实发生机械伤害时，果实颜色掩盖了受伤组织的褐变症状，直到果肉组织崩溃下陷出现凹坑，伤害的症状才表现出来。在代谢速率旺盛、水分丧失迅速的情况下，果面凹陷 1 d 就会表现出来，但在低温和保湿包装贮藏中，果面凹陷症状的出现可能需要几周的时间。

采收和采后包装场处理不当是造成樱桃果面凹陷的两个主要原

因。采收环节出现的果面凹陷可以占到一半以上，所以要高度重视对采摘人员的培训和监督，高度重视对分级生产线的检查和调整。

樱桃果面凹陷与果实的硬度密切相关，果实硬度高则果面凹陷率较低，症状严重程度较轻。决定樱桃果实硬度的因素有品种、树体状况、果实温度、果实水分状况、是否使用生长调节剂或喷钙、采收成熟度等。

(4) 果实冷害和失去表光 多数樱桃品种冷藏贮运 20～30 d以后，其果实会逐渐出现冷害症状，随着冷藏时间的继续延长，冷害症状会加重，表现为果面出现许多很细小的凹陷（麻坑），果实表光逐渐失去，果肉开始有褐变发生，口感逐渐变得寡淡，品质下降。冷害发生的严重程度与品种、成熟度、贮藏方式、条件及贮藏时间长短等因素有关，注意不要因为贮藏时间过长而使樱桃品质下降影响销售。

十四、果园机械化与自动化

山东省果园机械化水平比较低，绝大部分果园仍是乔化栽培，不适宜机械化作业，田间作业主要靠人工完成。果园机械匮乏、不配套，而且栽培系统与机械化作业不相适应的问题非常突出。

当前从事农业生产的劳动力极其缺乏，50岁以下的人员多不愿意从事农业生产，劳动力成本不断提高，以山东省烟台市为例，大樱桃采收季节，平均工资为20元/h，且多为年龄在50岁以上人员。

因此，实行农业机械化是降低生产成本、提高劳动效率、促进农业生产可持续发展的必然趋势。

1. 农用运输车

包括三轮农用运输车、四轮农用运输车和手扶拖拉机等，主要用于果园施肥、果品运输（图14-1）。

图14-1　农用运输车

2. 旋耕机

包括手扶式果园行间旋耕机和大型平整园土旋耕机，主要用于耕翻果园表层土壤，使园土疏松透气（图14-2）。

图14-2　旋耕机

3. 割草机

割草机主要用于果园行间除草，有柴油机和汽油机之分。它是由刀盘、发动机、行走轮、行走机构、刀片、扶手、控制等部分组成（图14-3）。刀片利用发动机的高速旋转输出速度大大提高，有效降低人工成本。

图14-3　割草机

除草机按工作部件分为圆盘式、往复式、旋转式和滚筒式。按行进方式分为悬挂式、推行式、坐骑式、遥控式等除草机，有些已经具备自动避障功能。现在推广的遥控式除草机，效率高，2 000~3 000 m²/h；操作灵活，能在树下作业；人机分离，安全性好。

4. 果枝修剪设备

国内果枝修剪大部分采用人工作业，一些中小型企业如山东益丰机械有限公司生产了往复式和转刀式修剪机，另外还有一些小型修剪机具（图 14 - 4）。

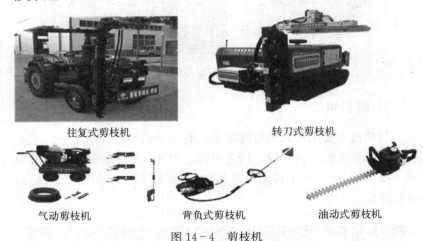

往复式剪枝机　　　　　　　　　　　转刀式剪枝机

气动剪枝机　　　　背负式剪枝机　　　油动式剪枝机

图 14 - 4　剪枝机

5. 疏花疏果机械

国内主要是人工和化学疏花疏果，多采用手持式机械疏花器（图 14 - 5）。2016 年，华南农业大学设计了悬挂式电动柔性疏花机，采用超声波冠形探测方法，开发了嵌入式控制系统，实现仿形疏花。

手持式疏花器　　　　　　　悬挂式电动柔性疏花机

图 14 - 5　疏花器

6. 病虫害防治机械

国内果园的施药机械主要有自走式、牵引式风送喷雾机、高射程喷雾机、对靶喷雾机和无人机植保等（图 14-6）。

果园自走式风送喷雾机

果园牵引式风送喷雾机

高射程喷雾机

无人机植保

图 14-6　喷雾机

7. 肥水一体化设备

水肥一体化设备是为实现果树科学灌溉而研发的智慧灌溉产品，主要由核心控制单元、肥料配比单元、水肥混合单元、肥料投加单元、过滤单元等组成，能够实现节水节肥、省时省工、提高作物品质的目的（图 14-7）。

8. 断根机

本机器用于锯断泥土中的树根，主要用于林木移栽过程中带土根球的挖取，装桶或淘汰林木的采伐更新，也可用于盛果期果树根系修剪（图 14-8）。

图 14 - 7 肥水一体化设备

图 14 - 8 断根机

9. 预冷设备

果实采后及时预冷，将果实温度在短时间内降至适宜的温度，可有效降低果实的呼吸强度，减少有机物质的消耗。及时预冷是水果采后保鲜非常重要的生产环节。预冷水果可以延长至少一倍以上货架期。目前应用较多的是冷水作为流动介质，对水果进行降温。也可采用冷风库进行降温，但耗时较长（图 14 - 9）。

10. 分选设备

为提高樱桃分拣的速度，按照樱桃直径，重量、颜色等指标进行分级的专用设备（图 14 - 10），目前应用较多的是冷水作为流动介质，可显著提高樱桃分拣效率。

图 14-9　预冷设备

图 14-10　分选设备

图书在版编目（CIP）数据

樱桃新品种及配套技术 / 孙庆田，田长平，张序主编 . —北京：中国农业出版社，2020.12
（果树新品种及配套技术丛书）
ISBN 978 - 7 - 109 - 27242 - 2

Ⅰ.①樱… Ⅱ.①孙… ②田… ③张… Ⅲ.①樱桃—品种②樱桃—果树园艺 Ⅳ.①S662.5

中国版本图书馆 CIP 数据核字（2020）第 173011 号

中国农业出版社出版
地址：北京市朝阳区麦子店街 18 号楼
邮编：100125
责任编辑：舒　薇　李　蕊　王琦瑢
版式设计：王　晨　责任校对：吴丽婷
印刷：中农印务有限公司
版次：2020 年 12 月第 1 版
印次：2020 年 12 月北京第 1 次印刷
发行：新华书店北京发行所
开本：880mm×1230mm　1/32
印张：7.5　插页：4
字数：220 千字
定价：35.00 元
